号角 **Clarion** 特辑

星晖

龙初

清代宝星勋章图史

陈悦————著

江苏凤凰文艺出版社

JIANGSU PHOENIX LITERATURE AND
ART PUBLISHING, LTD

图书在版编目（CIP）数据

龙星初晖：清代宝星勋章图史 / 陈悦著 . —— 南京：
江苏凤凰文艺出版社，2019.5
ISBN 978-7-5594-3664-1

Ⅰ . ①龙… Ⅱ . ①陈… Ⅲ . ①勋章 – 史料 – 中国 – 清
代 – 图集 Ⅳ . ① TS934.7-64

中国版本图书馆 CIP 数据核字 (2019) 第 079459 号

龙星初晖：清代宝星勋章图史

陈悦 著

责任编辑 　王　青
特约编辑 　王　菁
装帧设计 　王　星
出版发行 　江苏凤凰文艺出版社
　　　　　南京市中央路 165 号，邮编：100009
网　　址　http://www.jswenyi.com
印　　刷　重庆共创印务有限公司
开　　本　787 × 1092 毫米 1/16
印　　张　17.5
字　　数　360 千字
版　　次　2019 年 5 月第 1 版　2019 年 5 月第 1 次印刷
书　　号　ISBN 978-7-5594-3664-1
定　　价　169.80 元

江苏凤凰文艺版图书凡印刷、装订错误可随时向承印厂调换

重要声明

本书有关晚清勋章的实物图片均来自各大博物馆、拍卖行或私人收藏。鉴于晚清勋章特殊性，编者和作者不对书中配图实物的真伪负责。相关图片仅供参考。

CONTENTS
目录

序一

欣闻国内知名军事历史作家陈悦先生即将推出新著《龙星初晖：清代宝星勋章图史》，很是感动。陈悦先生多年来一直从事海军史研究，成果颇丰，不曾想他在功勋荣誉制度方面也有极高的造诣。

勋章及奖章一直以来被定义为军事领域的研究范畴，往往被其他领域忽视，而军事领域内，又鲜有人对这个题材进行系统的整理和研究。加之资料匮乏、数量巨大、种类繁多，以及其比较复杂的政治、军事机密等门槛，导致这个领域一直以来并未受到学术界的重视。

在中国，勋章从严格意义上还算是舶来品，但在中国几千年的历史长河中，军功、爵位、等级一直都是存在的。就勋赏制度而言，我国要早于外国约千年以上。"勋"字在古汉语中，有"特殊功劳"的含意，如《三国志·魏书·郭嘉传》说："追思嘉勋，实不可忘"。据此含义，我国古代便实行着"勋官"制度。

"勋官"是中国古代授予有功之臣的荣誉性称号，最早可追溯到秦朝。秦孝公时，商鞅变法，秦朝逐渐开始强大起来，最终扫灭六国，统一中国。在这次变法中，就有一项军事上的改革。为了鼓励杀敌求胜，秦朝就设立了军功爵禄制度，军功爵位制共分二十级，分别为：一级公士，二上造，三簪袅，四不更，五大夫，六官大夫，七公大夫，八公乘，九五大夫，十左庶长，十一右庶长，十二左更，十三中更，十四右更，十五少上造，十六大上造（大良造），十七驷车庶长，十八大庶长，十九关内侯，二十彻侯。北魏时陆续置其官号。北周时对其进行了整理，正式设置勋官十一等，由上而下称为：上柱国、柱国大将军、上大将军、大将军、上开府仪同大将军、开府仪同大将军、上仪同大将军、仪同大将军、大都督、帅都督、都督。

此后，"勋官"制度一直为历代封建王朝沿用。正如《旧唐书》指出："勋官者，出于周、齐交战之际。本以酬战士，其后渐及朝流。阶爵之外，更为节级"。

隋朝初期，基本沿用北周的勋官制度，仅改"柱国大将军"为"柱国"，上开府仪同以下改"大将军"为"三司"。隋炀帝大业三年（607年），更定官制，重改品级。废特进、八郎、八尉、十一等勋官，并取消朝议大夫。散、勋官合并，更改后的散职为从一品至第九品。唐高祖武德七年（624年），沿用周隋勋官制度，定勋官名称为：上柱国、柱国、上大将军、大将军、上轻车都尉、轻车都尉、上骑都尉、骑都尉、骁骑尉、飞骑尉、云骑尉、武骑尉，共十二等。最高者视正二品，最低者视从七品。贞观十一年，改上大将军为上护军，大将军为护军。唐朝的勋官以"转"相称，转数多者为贵。

宋朝的勋官等级仍为十二转，与唐代相同。京官和选人从武骑尉开始升转，朝官从骑都尉开始升转，逐级而进。骑都尉以上，两府和正任以上武臣遇到朝廷恩典，每次升转的等级，文、武朝官均升转一级。徽宗政和三年（1113年），罢文臣勋官，南宋又加以恢复。至元时，勋官减少为十阶，废云骑尉、武骑尉，并改品级为自正一品至从五品。除上柱国外，其余只用于分赠。明朝的勋官分为文勋、武勋十等。其中文勋十等为：左柱国、右柱国、柱国、正治上卿、正治卿、资治尹、资治少尹、赞治尹、赞治少尹、修正庶尹、协正庶尹。"自从五品以上，历再考，乃授予"。武勋十二等为：左柱国、右柱国、柱国、上护军、护军、上轻车都尉、轻车都尉、上骑都尉、骑都尉、骁骑尉、飞骑尉、云骑尉。

到了清朝，因为清朝不等同于其他王朝，有很强的满族地方特色，再加之早期并没有像其他王朝那样在中原有过统治经验，清王朝入关问鼎中原后，勋级就被撤销了。取而代之的是清朝特色的爵位制度，清朝爵位分为宗室爵位、蒙古爵位和异姓功臣爵位。乾隆十三年（1748）出台的《考试受封表》《钦定封爵表》确立了最终的封爵制度，**宗室爵位分为十四等：一等曰和硕亲王，二等曰世子，三等曰多罗郡王，四等曰长子，五等曰多罗贝勒，六等曰固山贝子，七等曰奉恩镇国公，八等曰奉恩辅国公，九等曰不入八分镇国公，十等曰不入八分辅国公，十一等曰镇国将军，十二等曰辅国将军，十三等曰奉国将军，十四等曰奉恩将军。**异姓功臣爵位又称"功臣世爵""民世爵"，掌于吏部验封司，授予汉员和西南民族等满蒙外其他民族人士，分公爵、侯爵、伯爵、子爵、男爵、轻车都尉、骑都尉、云骑尉、恩骑尉等。此外，清朝还有授予"巴图鲁"勇号、赐给黄马褂、赐顶戴、赐花翎、赏紫禁城骑马、赏坐轿舆、赏用紫缰黄缰等勋奖。

虽然勋赏制度在我们国家有悠久的历史，但以"勋章"的形式来表彰和标志特殊的功绩，则是外国人创设的。据《苏联军事百科全书》记载："十四至十六世纪，由君主设立的用于奖励贵族的宫廷勋章已经广为流行。"勋章作为一种奖励凭证，最早在僧侣骑士团中实行。1348 年英王爱德华三世设立嘉德勋章（The Most Noble Order of the Garter），这可能是最早的勋章了。1399 年英国又设立了巴斯勋章，1429 年奥地利和西班牙设立金羊毛勋章，1522 年瑞典设立宝剑勋章，1579 年法国设立圣灵勋章等，这些皆属宫廷勋章。获得这种勋章的人可升为骑士，有贵族的权利。

中国政府颁发勋章的历史还要从近代开始。自从 1842 年 8 月 29 日（道光二十二年七月二十四日），清朝政府钦差大臣耆英、伊里布与英国代表璞鼎查在停泊于南京下关江面的英舰"康沃利斯"号上签订《南京条约》开始，我们封闭多年的国门终于被西方列强用枪炮打开。我手上就收藏有英国在第二次鸦片战争中奖励给参与这次战争人员的奖章，而且奖章上还有"大沽战役"、"八里桥战役"等字样。还有法国政府颁发给参与这次远征人员的 1860 远征中国奖章，奖章正面是拿破仑三世的头像和中文"北京"字样的勋带，背面则刻有"PEKING 1860"等文字。

随着中外国际交往日益增多，一批握近代科学技术的"洋人"相继来到中国，在军队、企业、通讯、邮电、交通、运输和教育等部门服务。当他们的工作做出突出成绩，清政府就会给予一定的奖赏。但按照大清的老传统，授予他们马褂、花翎、顶戴、赏食赏物等形式的奖赏，显然不够适宜的了。比如当年就是否赏赐给洋人吉必勋"巴图鲁"称号。身为总理衙门大臣的恭亲王奕訢就坚决反对，他认为"巴图鲁"勇号事关大清的"国体"，把一个洋人封为大清最高勇士称号"巴图鲁"十分不妥。大清开国至此，有此称号的也不过几十人而已，而且大多是满人，连汉人也不过十几人。这才有了完颜崇厚后来的宝星勋章，用于专门奖给为大清事业作出一定功绩的洋人。双龙宝星勋章外形为星状，以龙为标志，以金银珠宝制作，价值昂贵。这也开启了中国勋章授予的历史。

虽然双龙宝星勋章是中国政府已知最早颁发的勋章，但其设计理念、设计过程、勋章样式、勋章种类、勋章等级和授勋人员始终没能厘清。陈悦先生的新著《龙星初晖：清代宝星勋章图史》正好填补了这一空白。陈悦先生查阅了大量文献和图片资料，不但将宝星勋章的设计理念讲述得十分清楚，而且图文并茂地将宝星勋章各个等级及颁发人员一一梳理清晰。尤其是对 1908 年宝星勋章改革后的等级、样式及包括载涛在内的国人获勋情况也进行了详细介绍，使我弄清了很多以前经常在老照片上看到却一直没有捋顺的历史细节。

　　2015 年 12 月 27 日，《中华人民共和国国家勋章和国家荣誉称号法》由第十二届全国人民代表大会常务委员会第十八次会议通过。根据此法，国家先后颁发了八一勋章和友谊勋章。今后还将颁发七一勋章和共和国勋章。在这样的背景下，我们翻开陈悦先生的这本《龙星初晖：清代宝星勋章图史》，相信会有不一样的感受！

刘阳

中国圆明园学会学术委员会委员、北京史地民俗学会理事，

代表作有《谁收藏了圆明园》

2019 年 3 月 20 日于西直门素心书屋

序二

十九世纪下半叶，当中国人在近代化的浪潮冲击下睁开双眼看世界的时候，发轫于欧洲的勋章并未马上得到中国人的青睐。随着中国不得不敞开国门，与其他国家的交往越来越多，晚清政府和一些具有国际眼光的官员发现，中国传统的功勋荣誉制度与世界其他地方脱轨了。

于是，与当时整个中国的发展一样，多少带有一点迫不得已的味道，晚清政府前后经过几十年的摸索，逐渐建立起来了以双龙宝星为代表的真正的勋章体系。客观地说，以李鸿章、崇厚、曾纪泽为代表的晚清重臣，在推动中国功勋荣誉制度方面殚精竭虑，发挥了极其重要且不可磨灭的作用。这套体系，是近代中国在推动国家强盛和发展过程中做出的一大努力，不但带有极其鲜明的中国特色，又与世界通行的勋章体系接轨，甚至在极短的时间内就被全世界所接纳，体现出了其真正的价值所在。

在那个风云变幻的年代里面，晚清勋章只是中国近代化历程中的一个小小的缩影。尽管勋章并非源自中国，但它是中国在走向世界的过程中向全世界敞开胸怀，吸收借鉴并发展出自己独特体系的一个重要体现。从双龙宝星的设立和改革，到北洋时期对晚清勋章体系的继承，再到南京政府时期富有中华特色的勋章体系的建立，以及后来新中国对功勋荣誉制度的独特理解，直到当前国家对功勋荣誉制度的重视，勋章中国化的发展，真正体现了中华民族的智慧和能力，也是中华民族能够不断发展不断进步的又一佐证。

对国人而言，勋章更是一个陌生而新鲜的领域。由于中国本身缺乏勋章发展的土壤，因此在长期的历史研究中，它并没有得到应有的重视。有关中国勋章的研究，国内几乎可以说是一个空白，只有一些零星的文章予以介绍。普通国人更是根本不知道一百多年前我们曾经拥有双龙宝星这种在世界历史上都占有重要地位的勋章。

在长期从事勋章研究的过程中，对于这样一种失衡的现状我们深有体会。尤其是在与国际勋章收藏和研究界的交流中，更是感觉我们对自己国家勋章认识的不足。以双龙宝星为例，早在其设立之初，德国的出版物就已经对其进行了介绍。而在当前国际收藏市场上，双龙宝星都是炙手可热的收藏对象，拍卖价格长期居高不下。在研究界，国外杂志会时不时发表有关中国勋章的文章，前几年也已经出版了有关双龙宝星的专著。

一百年前，先贤们不遗余力推动中国功勋荣誉制度近代化；一百年后，我们怎么能辜负他们的努力？其实早在开始研究勋章之始，我就萌生了制作出版一本有关双龙宝星专著的想法。但由于水平和精力有限，一直没法得以实现。后来因缘际会，号角工作室与《中华遗产》杂志合作，发表了一篇有关双龙宝星的文章。此后经过修改增加了不少内容又发表在了《号角文集》第一卷上。之后与《国家人文历史》杂志合作出版的勋章专辑中，也有晚清勋章的内容。

出于对中国近现代历史的共同兴趣，我与陈悦先生多年前就已是好友。经过数年的交流，发现陈悦先生对中国勋章也有极其深入的研究。作为国内知名的历史文化学者，他严谨的治学精神和饱满的学术热情让我非常折服。于是数年前就向其表达了请其撰写一本有关双龙宝星专著的想法。陈悦先生学术风范严格，他虽然答应了我的邀请，但进行了数年的准备，最终为大家奉上了这本填补国内空白的专著。

本书的价值毋庸多言，不但首次对晚清勋章制度的前后发展进行了严密的梳理，更是解答了许多历史上不曾被关注过的疑问。更难能可贵的是，陈悦先生赋有感染力的文笔为本书带来了身临其境的阅读体验。因此我们有理由相信，本书将与书中的主角双龙宝星一样，在相关领域占有一席之地。

回顾中国近现代勋章制度的发展，我们看到的是中华民族的不断进步。在当前我国重新建立国家功勋荣誉制度，设立并颁发了八一勋章、友谊勋章，并即将颁发七一勋章和共和国勋章的背景下，希望大众能够对曾被国人忽视了太多年的勋章报以关注，也希望勋章这一人类历史文化的重要载体在中国能够获得勃勃生机。

唐思

指文号角工作室主编

2019 年 3 月于深圳

宝星出世

第一篇

1.英国设立的中国战争奖章，也被称作鸦片战争奖章。（供图/DNW）

2.英国设立的第二次中国战争奖章，也被称作第二次鸦片战争奖章。（供图/Baldwin's）

一、"外国功牌"

> 两国出力员弁，即由臣饬令会防局仿照该国功牌式样，另铸金银等牌若干面，分别酌给佩戴，宣布皇仁，俾知感奋。——李鸿章：《奏奖外国官弁片》①

在中国历史上，与军功、爵位以及勋奖等有关的制度，渊源可以一直上溯到非常遥远的古代，而把军功、爵位等直观地体现到外在服装配饰上的做法，也有着十分悠久的传统可以追考。最为著名的例子见于秦始皇陵兵马俑的考古发掘中，在雄壮的秦俑军列里，一些造型特殊的秦代将军俑上带有不同于寻常的特殊信息，这些陶俑护甲表面的一些数量、造型各异的彩带细节，可能就是记功或爵位的标记，非常引人注意。

中国本土原生的军功、勋奖形式经历了长期的自我发展后，在 19 世纪遇到了一场巨大的变化。与当时中国国家和社会遭逢西力东渐的时代大变局一样，中国传统的勋奖形式也在这个时代发生了脱胎换骨般的嬗变，受外来西洋勋奖模式的影响日深，最终渐渐汇入到诞生于欧洲的近现代勋章形式体系中。

1

2

注①：
《奏奖外国官弁片》，《李鸿章全集》1，安徽教育出版社 2007 年版，第 162 页（T1-11-017）。

3.法国设立的1860远
征中国奖章。（供图/
DNW）

这一大变局的关键转捩点，就在中西交往逐渐密切和正常化的19世纪中叶，即鸦片战争时代。

　　第一、第二次鸦片战争，是中国近代史上著名的屈辱事件。列强凭着坚船利炮打开中国门户，逼迫古老、自负的清王朝不得不放下她"天朝上国"的身段，俯下首去正视和承认自己已经被一个强大的西方所超越的事实。那段清王朝国门洞开的痛苦历史，如果换另外一种视角去观察，其实也是近代中国被迫放弃沿袭数千年的以中华为中心的华夷国际秩序，去尝试适应、接受一个以西方为中心的近代国际法秩序的过程，这事实上也就是清王朝用近代国际法的形式和一系列西方国家正式建交的开始。

　　和英国等西方列强的关系从对抗走向了华洋共处，清王朝很快便遇到一个前所未有的新课题。一些因为种种缘故而为清政府驱使、服务的西方人，以及一些驻扎在中国的西方国家外交官，或为清王朝效力有功、驯顺出力，或促进了中西交流，在弥合双方的矛盾分歧方面著有功劳，乃至于清王朝势必要给予其奖赏激励的程度。

1. 清代的诰封套印。

当时清王朝的勋奖制度，很大程度上仍然沿袭着中国自古流传的形式，诸如封爵、晋官、授官、加级、授衔、授功牌、赐诰封等等，同时也还包括了一些带有清王朝自身特色的形式，诸如授予"巴图鲁"勇号、赐给黄马褂、赐顶戴、赐花翎、赏紫禁城骑马、赏坐轿舆、赏用紫缰黄缰、赏给香囊荷包、赏给衣料、赏给御笔字画、赏酒席等等，诸如此类。

总体上种类不可谓不丰富，而且具体的实践、运用的经验和成例也比比皆是，但是其中的一个巨大问题是，既往清王朝以这些形式所做的赏赐，都是针对本国的臣民，或是针对藩属国的人民。当面对本质上"非我族类"的西方人进行恩赏时，应该适用哪种奖励形式才较为合宜？是否还能用这些祖宗成法中的赏赐形式？在当时人的眼里，是个关系到国之礼仪的极费思量的大事。

传统的勋奖形式，大都是基于赏赐中国本国人这一基础而设定，如果直接拿来施加到洋人身上，似乎会发生于礼不符、于制不合的严重问题。尤其是封爵、授官、赐勇号之类，更是关系到国家的根本文化、典章制度，显然必须要慎之又慎。倘若冒冒失失给洋人封上了中国的爵位、官职、勇号，显然会破坏传统制度，不仅洋人有可能借此炫耀、卖弄，甚至做出失控的无法

1

2.顶戴花翎，此为正五品。顶戴指代表官阶的顶珠，不同的顶珠质料和颜色代表不同品级，朝冠一品为红宝石，二品为珊瑚，三品为蓝宝石，四品用青金石，五品用水晶，六品用砗磲，七品为素金，八品用阴纹镂花金，九品为阳纹镂花金，无顶珠者无官品。在顶珠之下有一枝两寸长短的翎管，多用玉、翠、珐琅或花瓷制成，用以安插翎羽。翎羽又分花翎和蓝翎两种。花翎是带有"目晕"的孔雀翎，"目晕"又称为"眼"，在翎的尾端，有单眼、双眼、三眼之分，翎眼越多说明功勋越高。（供图/新加坡国际拍卖）

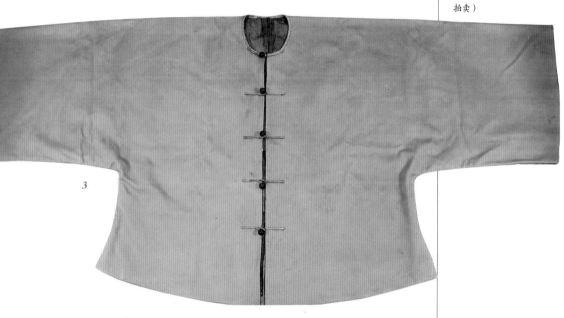

无天之事，而对国内臣民来说，似乎也不是很好交代，甚而会招来传统保守力量的猛烈抨击。

　　几经筹商磋磨，清王朝最初挑选了一个以空对空的务虚之策，即用授予无关紧要的虚衔来作为奖励，给予有功的西方人以某种名义上的中国官职，但并没有任何的实际意义，相当于只是给洋人一种特别的荣誉称号而已。

　　1860年第二次鸦片战争结束时，中国国内太平天国战争仍然如火如荼。清王朝为了尽快镇压太平天国起义，在一些中外官员的提议和联络下，开始借助还没有从中国离去的英法联军的力量，同时也开始接受俄罗斯等国提供的军事援助。而在太平天国战争的焦点地区，即江苏、浙江等地，还出现了直接受雇于当地政府的类似于洋团练的外国人雇佣部队。西方人由此大量、

3.清代的黄马褂。此黄马褂为单褂，黄色实地纱制成。前后、左右四开裾，对襟五组直扣。马褂制作是最传统的满式工艺，马褂周身贴边，袖腋部分是从袖口过腋下直达前身底摆。手工缝纫，针脚细密匀称。

1.参与筹办中外会防上海以及筹组常胜军的苏松太道吴煦。（拍摄/William Nassau Jocelyn）

密集地参与到了中国的国内事务中，而有关对西方人的勋奖形式也开始发生了微妙的变化。

　　就在1860年这一年，太平天国忠王李秀成为了解天京之围，挥师向富庶的苏南地区发起猛烈的军事攻势，几乎是一瞬之间，苏州、常州、无锡等一连串江南名城，相继被太平军夺取，受此波及，对外通商口岸上海的形势也岌岌可危。时任江苏巡抚薛焕、苏松太道吴煦等为了保住上海一隅的安全，一方面成立中外会防局，与在沪的英法联军协商，协调联军出动部分军队参与上海的防御作战；同时经上海著名的绅商杨坊等人建议和出资协助，在当年的6月份，以苏松团练局的名义，下令美国籍志愿者华尔（Frederick Townsend Ward）组织招募一支包括有马来籍等外籍人士在内的雇佣军加入上海防战，因为这支雇佣军普遍装备西式武器，最初称为"洋枪队"，后来为了壮声威，称作"常胜洋枪队"，又更名"常胜军"。①

1

注①：
　　《苏松练局令华尔剿捕盗贼谕》，《吴煦档案选编》第一辑，江苏人民出版社1983年版，第257页.

Shanghai Volunteers. 1871.

2

Rifles.
C. M. Ford.
Mtd. Ho Comps.
R. J. Abbott.
Artillery.
J. H. Hughes.
Rangers.
E. A. Grimore.

2.洋枪队人员在上海的合影。

3.西方铜版画：太平天国战争中的常胜军。

3

随着苏南战事的不断发展，1862年李鸿章率领十三营淮勇子弟兵，乘坐上海绅商通过英国麦肯锡洋行（Mackenzie Richardson&Company）租用的英国轮船，由安徽经长江水道直接驰援上海。此后，实力渐渐雄厚的清军在苏南战场转入了反攻。1862年5月16日，英法联军部队与常胜军联手逼近上海周边的奉贤南桥镇，驱逐据守该地的太平军。战斗中，在华法军司令卜罗德少将（Auguste Léopold Protet）身先士卒，率军冲锋，当逼近太平军阵地时，突然被枪弹击中身亡，成为在镇压太平天国的战争中，第一位帮助清王朝作

1.常胜军士兵照片。

2.曾位于上海的常胜军纪念碑，设立于1866年，第二次世界大战期间，1941年被日本占领当局拆除。

战而战死的西方高级军官。

事发之后，时任署理江苏巡抚李鸿章立即向清王朝上奏汇报，请求对卜罗德施以抚恤。考虑到卜罗德是为中国作战而在战场上阵亡，事迹非常特殊，再用传统的空对空的赐予虚衔等方式，显然无法应付凑数，必须要给予一点更为实际的奖励。而且他还是法国海军少将军衔，因此首次遇到这种事务的清王朝中央，显得极为谨慎小心，由内阁进行讨论之后做出决定，采取两项抚恤措施。

首先，责成江苏巡抚李鸿章派出道台、知府一级的官员，作为官方代表前往卜罗德的灵前致祭，并且"赐祭一坛"，可以算是对已故卜罗德的某种政治待遇。

同时，清政府决定从皇家内库里拨出一百张貂皮、四宗彩绒，由总理衙门大臣、议政王奕訢直接设法交付卜罗德的家人，"彰优异而慰忠魂"，算是物质恤赏。①

注①：
《总理各国事务衙门转递李鸿章夹板公事片》，《李鸿章全集》1，安徽教育出版社 2007 年版，第 10 页（T1-04-009）。

3.卜罗德死后,清政府曾建立卜罗德祠以作纪念,该建筑现为上海南桥天主堂。

4.在慈溪城下中弹阵亡的常胜军首任统领华尔。他更为人熟知的汉名叫作"华飞烈"。

从上述抚恤的形式和内容看,派地方官前往洋人灵前致祭一事,在当时已经是非常的破格之举,但仍然属于较为虚化的礼节,尤其是对外于国人而言,意义实际并不大。而给予卜罗德家属的财物,其价值可谓贵重,显得十分优渥。由这两项抚恤措施,能充分领悟出当时清王朝的特殊用意。即对于事迹特殊的洋人,可以赐予大量的财物作为奖励,但是事关国家体面、制度的名器、礼仪等真正的勋功封赏,无论如何也不能轻易地给予外人,由此清王朝实际并没有就卜罗德的阵亡给予真正的赐恤和勋赏,而这种事关荣誉的奖励恰恰才是西方人尤其是西方军人格外在意的事情。

一波未平一波又起,就在卜罗德战死后数月,浙江也发生了一桩事关洋人的大事件。

1862年,清军在浙江战场也开始转入反攻。9月20日,常胜军逼近太平军占领的浙江省慈溪县城,排兵布阵之际,常胜军的统领华尔在城下用望远镜瞭望太平军一方的军情动向,不料引起了太平军的注意。城上的太平军狙击手开枪射击,命中了华尔,"贼从城上放枪,适中华尔胸脘,子从背出,登时晕倒"。华尔重伤晕倒,立即被部下抢救,随后就用轮船送往宁波救治,于21日不治身亡,随即也引出了有关如何抚恤、奖励的问题。

1.铜版画：华尔阵亡后继任常胜军首领的白齐文（Henry Andres Burgevine）。

华尔出生于美国马萨诸塞州塞勒姆（Salem），原本是一个浪荡子弟，后来到中国闯荡淘金。在受命组织雇佣军后，美国人华尔在中国得以出人头地，对清王朝流露出感恩戴德之状，随后表现出了极为特别的对中国的"向化"情结。不但成了上海绅商杨坊的上门洋女婿，而且华尔还改装易服，留起了和当时中国人一样的辫发，穿起了中式的袍服，乃至竟然申请要归化中国，最终经清王朝特批，取得了中国的国籍，成了大清王朝的子民。由此，金发碧眼的华尔，已经算是中国人，这个中国籍的洋人战死之后，因为其身份的特殊，所获的抚恤则与法国人卜罗德完全不同。

华尔被更换上了中国服装、依中国人的装扮和葬俗在中国择地下葬。清王朝则按照大清官员阵亡例，将华尔战死一事交部正式议恤，同时还下令在华尔生前立过战功的江苏松江和浙江宁波两地，分别建立一座祭祀华尔的祠堂。[①]

同样为清王朝战死的卜罗德和华尔，因为国籍的不同，死后的待遇迥异，尤其是在事关荣誉方面的待遇有着天壤之别。清政府为华尔建祠堂一事，在西方人的理解中简直是莫大的荣耀。在他们看来，这相当于为华尔专门竖立了纪念碑、建设了纪念堂一般，这一情况几乎立刻就令在华的洋人们议论纷纷。

似乎是觉察到"中外不一致"对洋人产生了某种负面影响，1863年1月7日，李鸿章在向清政府奏报有关常胜军的工作事务时，随奏折附带了一份内容很特殊的奏片。

奏片里，李鸿章旧事重提地说起了几个月前他曾汇报过的一桩涉及对有功洋人实施奖励的事情。在几个月之前，李鸿章上奏请求奖励一些作战有功的洋人。当时清政府曾颁发上谕，给予的奖励形式是空对空的"传旨嘉奖"，即对这些洋人宣读表彰圣旨，相当于是口头表扬。对这一明显敷衍潦草的决策，李鸿章存有异议。此时，李鸿章提出了一套不同于既往的大胆设想，而这也往往被后世视作近代中国开始尝试引入西式勋章制度的破土萌芽。

李鸿章提议不要再仅仅用财物作为奖励有功外国人的形式，他建议对帮助镇压太平军有功的西方高官，诸如英法两国的领事、在华陆军和海军的指

注①：
《上谕》，《筹办夷务始末》（同治朝）一，中华书局2008年版，第387-388页（318）。

2.清政府在常胜军总部所在地江苏松江专门为在与太平军作战期间阵亡外籍官兵建立的集体墓碑。

3.首先破题"外国功牌"的李鸿章，照片摄于1875年。

1.陆提军门林赏牌，为清代著名台籍将领林文察1862年任附件陆路提督时所颁赏。"路提军门"是对陆路提督的尊称。

2.同治四年（1865年）两广总督瑞麟颁发的纯金功牌，功牌正面是"赏"字，背面为瑞麟的衔名"两广总督部堂兼署广东巡抚部院瑞"。

挥官以及翻译等，由总理衙门以外交照会的形式，向其所属国政府致感谢函，并通过这种国家间的外交形式，向该国政府提出请求，让这些国家政府直接给予对中国有功的本国人以嘉奖，"照会两国住京公使，回奏该国，酌给议叙，以示我朝行赏论功中外一体之至意"。

对于地位较低的其他有功西方官兵如何奖赏，李鸿章则提到了一个石破天惊的全新理念，即功牌。

所谓的功牌，原本是中国颇有传统的一种纪功形式，至清代依然沿用，又叫作"赏牌"。

早期的功牌，多以金、银、铜等金属为材质，铸成小型的圆牌或长方牌等形式，往往牌面会装饰有"功牌""功""赏"或其他内容的文字，类似于纪念币，并不能佩戴，多用于颁发给有军功的武人留存，同时会发给纸制凭证、执照。清初以后，功牌的制作趋于简单化，甚至只颁发纸制的执照凭证，而并不真的给予真金白银的实物功牌。在清代，功牌除了代表奖励、荣誉外，还是一种特殊的身份、资历证明，如果没有官职资格的人获得了功牌，即代表获得了武官的最基础任职资格，称为"军功"，在其履历单上，就可以填写为军功出身，由此就能够跻身进入大清王朝庞大的武官队伍，即民间俗话所

说的"获得了官身"。

　　李鸿章此时提出的功牌，并不是指清王朝的这种带有任职资格性质的传统功牌，而是他发现了西方国家有一种运用普遍的奖励形式，和中国的实物功牌非常相像，即西方的勋章、奖章。仅从外观看来，外国的勋奖章和中国的实物功牌都是由金属制作的，且造型大都近似圆形，功用也都是颁发给有功者的奖励形式，李鸿章于是将西方国家的勋奖章理解为是一种外国的功牌，就此在奏折中提议，由具体办理英法军队会同作战事务的中外会防局仿照各该国的"功牌"的形式，造一些金、银牌，"分别酌给佩戴"。[①]

　　值得注意的是，李鸿章奏请制造颁发的，是仿造的外国功牌，而并非具有任官资格意义的真正的中国功牌，只是专用于发给有功

3

.清末的纸制功牌实物，为同治七年（1868年）"策字营"（布政使刘策）剿灭捻军获得。

4.张之洞担任湖广总督时，颁发奖励参与洋务新政有功人士的奖牌。（供图/SBP）

4

注①：
《李鸿章又奏请奖英法国出力各员片》，《筹办夷务始末》（同治朝）二，中华书局 2008 年版，第 522-523 页 (438)。

的外国人，就此开创了这一类特殊的中国化西式勋章的历史。按照这个设计，可以将对立功洋人的奖励由空对空的务虚落实到一个具体的实物载体形式上，而且这一形式是洋人们都乐意接受的，且这种形式因为没有任何附加的政治待遇，不触及大清王朝的典章制度。同时，这种"功牌"由金银制作，也具备了经济奖励的意味，由此可以使得荣誉奖励与经济奖励合二为一。

另有一层非常特殊的地方是，在李鸿章当时的认识所及，显然把"勋章"看作一种比较低级的奖励形式。对于具有外国官职身份的高级洋员，并不给予"功牌"，而是由总理衙门请求其所在国给予奖励，"功牌"只用于奖励较为低阶的洋人。

李鸿章的设计可谓具有想象力和可操作性，应当是在江南地区和洋员们接触过程中产生的方案。不过，根据总理衙门的档案显示，李鸿章的这封奏折上呈之后，清政府中央的态度却有所保留，只是批准了其中照会各国政府予以嘉奖的部分，对李鸿章提出的仿制外国功牌的设想未置可否。①

事实上李鸿章提议的功牌没有进行实际制作颁发，只是停留于计划之中而已，仿制外国功牌一事再次被提上清政府中央的议事日程，还要再等上几个月。

二、"宝星"

兹据崇厚覆称，该领事情愿只领功牌，并不敢别有希冀等语。自系可以允准。惟查外国向有宝星名目，与中国功牌相似，不过制造精工。——奕訢：《奏议覆崇厚请以宝星等奖英法助战各员折》②

1863 年 4 月 9 日，时任署理直隶总督的兵部左侍郎崇厚上奏，汇报了一桩发生在畿辅重地直隶境内的洋人立功事件。

崇厚，姓完颜氏，满洲镶黄旗人。第二次鸦片战争后出任三口通商大臣，即后来北洋大臣职位的前身。在任期间，崇厚展现出了当时旗籍高层官员中非常难得的开明思想，对洋务事业颇为热衷。当时为了防范太平军以及直隶周边的乱民扰及畿辅安全，崇厚第一个在京畿门户所在的北方地区引入外国军事援手，聘请了一些英法联军的军官，帮助编练直隶的中外合作雇佣军部队，也因为装备西式武器，称作"洋枪队"。

1863 年，由崇厚亲自督师，洋枪队以及直隶的清军在宁晋县一带清剿起义民众，获得了大胜。4 月 9 日当天的奏请就专为直隶省所雇佣的英国籍总教

注①：
《廷寄》，《筹办夷务始末》（同治朝）二，中华书局 2008 年版，第 524 页 (439)。

注②：
《奕訢等又奏议覆崇厚请以宝星等奖英法助战各员折》，《筹办夷务始末》（同治朝）二，中华书局 2008 年版，第 658 页(564)。

习克逎请功，崇厚称这名英国教官在作战时颇为奋勇，"首先冲入贼队，异常
奋勇"，为此请奖，希望由总理衙门传旨嘉奖。

崇厚的奏折递上当天，清政府中央就做出了批复。显然是受到了此前1
月7日李鸿章申请为立功洋人请奖那份奏折的影响，清政府认为仅仅是口头
表扬的传旨嘉奖不妥，决定采取当时李鸿章上奏中设想的模式，命令总理衙
门照会英国的驻华公使，希望由英国政府帮助中国嘉奖这名英国军官，"知照
该国公使嘉奖"。①

就在这一奏奖案按部就班地办理时，崇厚于4月22日又上一了份为洋人

注①：
《廷寄》，《筹办夷务始末》(同治朝) 二，中华书局 2008 年版，第 617 页 (526)。

请功的奏折，称在上一次的作战中，另外还有两位立功的洋人，一名是英国领事吉必勋（John Gibson，后成为英国驻台湾领事，并曾卷入安平炮击事件），在作战中上阵冲锋，被长矛刺伤，"前次首先冲入贼队之英国领事官吉必勋身受矛伤，尤为奋勇"，另一名是一起作战的法国翻译徐伯理，"随队剿贼，亦颇得力"。由于吉必勋的表现英勇，且有负伤情节，崇厚奏请清廷，希望能赐予其"巴图鲁"勇号，对于徐伯理，崇厚则建议传旨嘉奖。考虑到这两名洋人都是外国外交官的身份，崇厚建议请由总理衙门对此进行讨论，最终再做出奖励决定。[①]

随后根据清廷谕旨，总理衙门开始直接和崇厚就如何奖励这两名外国人展开了讨论。

对于赐给吉必勋"巴图鲁"勇号一事，总理衙门大臣、恭亲王奕訢等表示反对，认为"巴图鲁"勇号事关中国的国体，将一个洋人封为中国的"巴图鲁"（勇士），显然非常奇怪，于制不合、于理不符。不仅如此，"巴图鲁"勇号本身，只是一个荣誉称号，属于虚名，对于立功而且受伤的洋人如果仅仅只给个虚名，恐怕外国人心里会有意见，"恐该领事因勇号仅属虚名，虽经中国破格给予，其意仍多未协"。

就此，总理衙门和崇厚商议，干脆统一按照年初李鸿章奏奖洋人时获准的办法，对吉必勋、徐伯理也都采取向其国家驻华公使发出照会，请求该国政府给予其奖励。

在这一意见正式上奏清廷前，出于稳妥办事的考量，崇厚直接找了两名当事洋人商议，听取其自己的意见。会谈的结果让崇厚吃了一惊，这两名洋人对给予虚名、联系其本国政府给予奖励等等形式一概不感兴趣，而提出了一个崇厚从没听说过的特殊要求，希望能从中国得到一种特殊的东西，而这个东西正是李鸿章此前奏折里提到过的外国式的功牌，"该领事情愿只领功牌，并不敢别有希冀"。

本就对外国事务充满兴趣的崇厚，随即就此问题在天津地区展开了专门的调研，很快，对于什么是外国功牌，崇厚获得了较李鸿章更进一层的理解。崇厚称外国的这种功牌名叫"宝星"，和中国的实物功牌造型确实相似，"外国向有宝星名目，与中国功牌相似"，只不过外国的宝星制作得更为精美。[②]

"宝星"，这个带有几分诗意的名词，开始正式出现到近代中国的官方文件中。

至于崇厚当时是从何处调查了"外国功牌"，究竟调查到的是什么种类的"外国功牌"，又是依据什么创造出了"宝星"这个名词，这一系列的细节在档案中没有明确的体现。不过，从一些清人的著作中可以略窥端倪。

注①：
《崇厚奏请奖议助战之吉必勋、徐伯理折》，《筹办夷务始末》（同治朝）二，中华书局 2008 年版，第 645 页（549）。

注②：
《奕訢等又奏议覆崇厚请以宝星等奖英法助战各员折》，《筹办夷务始末》（同治朝）二，中华书局 2008 年版，第 658 页（564）。

清人徐珂在其所著《清稗类钞》中，对"宝星"做出的解释是："以镶嵌珍宝，光芒森射，故谓之宝星"，[①] 即本身镶嵌着贵重的珠宝。所以称为"宝"，而其光芒四射，如同星芒，合在一起就产生了"宝星"一词。

而中国首任驻英公使郭嵩焘，在其所著出使日记中的记载，则给出了更为具体，也似乎更为可靠的另一种解释，郭嵩焘记载"宝星本名巴思。巴思者，译言澡洗也。故事：赏宝星者，皆先夕澡洗，着甲衣进见，国主以剑加其头而赐之，因以为名，盖专以奖武功也。其后凡有功于家国皆得赏。而自开辟印度以后，特表武功，易名曰印度星，其余曰巴思。因印度星之名，译以华名曰宝星"。[②]

郭嵩焘的记述，虽然有颠三倒四之嫌，不仅将巴斯勋章和印度之星勋章混为一谈，其对英国勋章的解读也有可以商榷之处，不过明确地指出了一点，

1.参照英国勋赏制度对"宝星"一词做出更加合理解释的郭嵩焘。

2.英国印度之星勋章星章。与欧洲传统勋章一样，高级别的印度之星勋章除了星章之外，还包括绶章。（供图/SBP）

龙星初晖——清代宝星勋章图史

注①：
徐珂：《清稗类钞》13，中华书局1986年版，第6214页。

注②：
郭嵩焘：《伦敦与巴黎日记》，岳麓书社1984年版，第231-232页。

宝星这一器物名词的由来，是受到了英国印度之星勋章（The Most Exalted Order of the Star of India）的影响。这一勋章创制于 1861 年，其造型华丽异常，而且确实带有星芒状的设计。考虑到印度星勋章设立的时间距离崇厚调研外国功牌的 1863 年相去不远，且印度星英文原名中就带有 Star 一词，或许正是源于对英国印度星勋章的某种了解，而把印度星勋章又引申成了西式勋章的某种典型代表，从而创造了代指西式勋章的"宝星"一词。

得知洋人热衷于此物，崇厚很快着手准备付诸实践，试图进行仿造。崇厚计划里的宝星都采用贵重的黄金来制作，按照重量不同而分为三个等第。即重量为一两四钱（约 51 克）的金宝星，重一两二钱（约 44 克）的金宝星，以及重一两（约 36 克）的金宝星。除此之外，非常有趣的是，崇厚还计划了一种一两重的银质的章，在名称上不叫作"宝星"，而称为"银牌"，以示和金宝星的区分。在这一点上，或许可以理解为宝星对应了西方的 Order 一类的高等勋章，银牌之类则是对应西方 Medal 一类的奖章，由此可见崇厚当时对西方勋奖章制度所做的调研和理解相对较为深入。

具体到样式设计方面，现存的清代档案中没有太多关于崇厚拟定的宝星、银牌的造型说明，只是记述了其中的一些个别细节。按照崇厚的设想，金宝星和银牌的正面都要铸上"御赐"两个字，以显示荣誉尊崇，金制宝星的背后装饰双龙图案，银牌的背后则装饰螭虎纹样，以示二者的等第之别。[①]

带有双龙纹样装饰的宝星方案，就此呼之欲出。

崇厚所拟定的办法，随后得到了总理衙门的认可，总理衙门遂据此正式向清政府中央上奏汇报。根据崇厚的设想，一两四钱重的金宝星将铸造一面，用来颁发给作战受伤的英国领事吉必勋，一两二钱重、一两重的金宝星也各铸造一面，分别颁发给英国教习克逈和法国翻译徐伯理，一两重的银牌则制作十二面，颁发给其他有功洋员。

或许是因为崇厚特殊的旗籍身份，或许是崇厚拟制的办法较为具体、可行。对这一方案，清政府中央未再像此前对待李鸿章汇报的功牌方案那样持保留意见，而是最终下谕批准。中国西式勋章的历史大幕，由此正式开启。

清末，随着中西方交流的频繁，各种外来新生事物不断涌现，但是清王朝自身机体中的封闭、保守势力仍然颇为强大。这种特殊的政治和文化背景下，要成功引入外来事物，最为重要的就是要能够真正迈出实践的第一步。一旦在王朝的批准下，形成了既成事实，此后这类事务就属于有先例可循，即使不能纳入王朝的典章制度中，也可以算是有不成文的先例可以援引，由此就可以得到实施和推广。从这一点而言，崇厚获准制作、颁发宝星、银牌一事，可谓意义极其重大。

不仅如此，在崇厚申请创制宝星、银牌获得批准的同时，其具体的办理方法也为清王朝处理此类事务提供了样例，奠定了此后数十年间清王朝这种

注①：

《奕䜣等又奏议覆崇厚请以宝星等奖英法助战各员折》，《筹办夷务始末》（同治朝）二，中华书局 2008 年版，第 658 页(564)。

西式勋奖制度的基本模式。

首先在名称上,清王朝的西式勋章逐渐笼统称为"宝星",奖章则称为"牌"。

在颁发的对象方面,清王朝西式化的宝星和牌成为专门用于奖励有功外国人的勋奖形式。

具体到颁发的程序上,遇到洋人有功需要给奖的情况时,先由地方的大员或总理衙门拟定颁发对象和事由(如果由地方大员拟定的,除可以直接奏报清王朝中央外,也可以先行咨会总理衙门,由总理衙门出面上奏),据此奏报清王朝中央。经清政府中央审核批准后,通常不直接向地方下谕,而是经由负责洋务事业的总理衙门下达批准,而后再由申报的地方自行照式制作。也因此,在清代的总理衙门档案中出现了专门为颁发宝星事务而设的专档,称作"宝星档"。

较为遗憾的是,由崇厚创意,经总理衙门奏请获准制作颁发的金宝星、银牌,其具体的造型究竟是什么样子,在档案中没有详细说明,现代也未见到可靠的实物证据,似乎成了一个永远的历史之谜。这种中国最早的西式勋奖章横空出世时,是怎样的一种光芒灿烂的景象,不禁令人产生无限的遐想。

1.清政府中央的总理各国事务衙门,成为具体管理宝星事务的国家机构。

1.西方铜版画：戈登统率
的常胜军。

不过能够有所弥补的是，在崇厚拟定的金宝星、银牌方案获得清政府批准施行后，一些地方省份先后奉旨进行过仿制，在这些地方仿制的具体过程中，相关档案文献里逐渐流露出了很多关于金宝星和牌的更多细节情况，最终为拼合还原出崇厚宝星、银牌的面貌提供了可能。

三、宝星制度的最初实践

外国本有宝星名目，崇厚等曾经制造有式，谅李鸿章亦必知之。所有赏给头等功牌，即可仿照变通办理。——《廷寄》①

在中国宝星制度的发展历史上，1863 年可称得上是宝星元年。

这一年，同时也是清政府在镇压太平天国起义战争中具有扭转乾坤意味的关键性年份。

1863 年的 12 月 6 日，据守苏州城的太平军守将纳王郜云官等率部哗变，向围在城外的淮军投降献城，淮军就此收复了江苏省城苏州，苏南战场上的清军与太平军的对峙态势为之一变，双方形势此消彼长。尽管之后李鸿章下令将投降的 8 名太平军将领全部诛杀，以至于常胜军统领戈登（Charles George Gordon）为此和李鸿章反目成仇，但李鸿章还是就夺取苏州作战之功，在当年底上奏为戈登请奖，称戈登"奋勇勤苦，洞悉机谋，火攻利器，尤多赞助"，希望清廷"酌加赏资，俾事竣回国，藉示荣宠"。②

注①：
《李鸿章奏复取苏城请赏戈登折》，《筹办夷务始末》（同治朝）三，中华书局 2008 年版，第 979 页（819）。

注②：
《李鸿章奏复取苏城请赏戈登折》，《筹办夷务始末》（同治朝）三，中华书局 2008 年版，第 979 页（819）。

2　　3

随后，清政府就此事明发上谕，具体开列了给予戈登的赏赐名目："赏给戈登头等功牌，并赏银一万两以示嘉奖"。①

上谕做出的同时，通过总理衙门对李鸿章做出进一步指示，声明虽然谕旨中说授予功牌作为奖励，但实际上所说的功牌就是宝星，"外国本有宝星名目，崇厚等曾经制造有式，谅李鸿章亦必知之，所有赏给头等功牌，即可仿照变通办理"。

由崇厚破题的宝星方案乃至颁发制度，在李鸿章为戈登请奖时，得到了清王朝中央的再次运用，表明了这种勋奖制度开始进入常态化的实施。不过值得留意的是，由于"宝星"一词属于新创，在清王朝的传统文物制度中并没有先例，清王朝在处理此事时的态度还是存有保守的意味，虽然实际上下谕颁发的就是宝星，但是在皇朝的正式文件中却避讳使用新创的名词，而是用既有的功牌一词来代指，显现了新制度问世时新旧文化博弈的奇诡色彩。

继李鸿章为戈登请奖而被命授予宝星之后，很快又出现了清王朝第三次谕旨颁发宝星的事例，只不过这一次的颁发并不十分顺利。

太平天国战争时代，在清政府统治下的各地方，除了于上海出现了常胜军、天津出现了洋枪队之外，另外还有一支也是采取中西合作而建立的雇佣军，即在浙江省的通商口岸宁波出现的中外合作常捷军，主要由英法联军中的法国军官为主帮助组建，以宁波为中心四出与太平军作战。1862 年，楚军大帅左宗棠受命担任浙江巡抚，率麾下大军进入浙江攻剿太平军，常捷军遂统一接受这位新任军政长官的调度，成为和楚军并肩作战的一支重要军事力量，同时在浙江沿海的英法联军部队也加入到了配合清军作战的行动中，统一接受左宗棠的调度指挥。

浙江的战事和当时江苏苏南地区的情况同样激烈，也随即发生了洋人为

1.在宁波城外操演的常
捷军。

2.常捷军军官合影，前排居中坐者为日意格。

中国政府作战牺牲的事情。

1862 年 6 月 6 日，英法联军海军中的英国军官格尔仰乞、法国军官格尼等，率部登陆在宁波一带与太平军作战时阵亡，事发之后，作为浙江省最高军事长官的左宗棠上奏请恤，当时清政府中央的批示办法是非常简单的口头表扬，即传谕嘉奖。①

一年之后，驻在宁波的宁绍台道史致谔向已升任闽浙总督的左宗棠汇报，称自己在会见常捷军中的英法军官时，这些金发碧眼的外国人纷纷提到此前格尔仰乞、格尼受到中国皇帝嘉奖的事情，表现出也想得到中国政府奖励的心情，"昨次接见洋人，言及死事各员既蒙轸恤，而现在打仗出力者，可否仰恳天恩，酌赏玉器、荷包等件，俾得传诸本国，以示宠荣"。② 鉴于这些洋人中确实有打仗出力者，史致谔即开列了其中表现比较突出的英国领事夏福礼（Erederick Harvey），法国籍税务司日意格（Prosper Marie Giquel），以及法国军官丢乐德克（Roderick Dew）、德克碑（PaulAlexandre.Neveue d'Aigwebelle）、费达士等共 9 人的名单上报给左宗棠。

左宗棠根据史致谔的这一报告，在 1863 年 12 月 25 日上奏清廷请求指示，清政府中央则于 1864 年 1 月 17 日通过总理衙门下发谕旨。

在清政府中央看来，这些立功洋员的确应该给予奖励，但是左宗棠上奏的

注①：
《奕訢等奏宁波之役英法殒命兵弁请谕褒奖折》《上谕》，《筹办夷务始末》（同治朝）一，中华书局 2008 年版，第 271-272 页 (232) (233)。

注②：
《左宗棠奏英法助战官员九名请旨嘉奖折》，《筹办夷务始末》（同治朝）三，中华书局 2008 年版，第 987 页 (829)。

报告中仅仅列举了"玉器、荷包等件"等较为含糊的奖品内容，既无准确的名目，也没有明确的数量，不够明晰具体，使得清廷无法对此直接做出评判、批复。同时，清政府似是提示左宗棠，称既往给予立功洋员的奖励，包括有多种形式，即"有仅传旨嘉奖者，有行知各该国主自行给奖者，有赏银牌者，有赏银两者"，要求左宗棠据此制定更详细的奖励方案。

极为特别的是，谕旨在最后部分提到了一个重要的理念。称无论给有功洋员何种赏赐，都必须同时给予功牌，"至功牌为外国人所重，无论或赏银两，或赏物件，均不可无功牌。功牌如外国宝星之类，崇厚、李鸿章并曾制造有式，可仿照办理也"。①

此处所说的功牌，明确所指的就是宝星。而这段文字清晰地体现了清政府中央在此刻，已经非常明了宝星所具有的荣誉奖励的性质。不过，就是最后的这段文字，在当时却让左宗棠坐困愁城，乃至引出了一场小风波。

收到总理衙门寄来的谕旨后，左宗棠对详细拟定奖励方案等指示，并没有什么异议，但是对谕旨中出现的"宝星"一词，左宗棠根本摸不着头脑，猜度不出这究竟是个什么东西。左宗棠于是在 1 月 23 日写信给宁绍台道史致谔，要求他就此尽快想出主意来："宝星一种，此间不独未曾制造，并未见过，谕旨令仿照办理，应如何办法？"②

史致谔驻在浙江的通商口岸宁波，打听外界新事物的信息更为容易，不久就有了线索。史致谔可能是打听到了江苏省为戈登制作宝星的渠道，甚至托人可以设法帮助弄一枚宝星实物来当作样品。不过此时，左宗棠却显得有些意兴阑珊。

并不明白宝星究竟是何物，究竟蕴含着什么意义的左宗棠看来，等从上海弄来宝星再仿造，过于周折繁复，既然宁波的洋人们自己并没有要求得到这种东西，干脆就不给算了，可以省却麻烦。"宝星一种，彼中新样，裸国裸礼，固无不可，惟待沪中寄到式样再行摹刻，似又嫌迟，彼族既未说及，似不给亦可（觅到即烦速送大营，以凭核酌）。"③

此后，左宗棠对于颁发宝星一事，做出了令人大跌眼镜的处理。

清政府的谕旨中，本意是命令左宗棠仿造外国宝星式的特殊功牌，颁发给有功洋人，其中所说的功牌，事实上就是宝星，只是在官方文件中不方便直接使用新创立的"宝星"一词。但左宗棠因为不想制作宝星，竟抓住了清政府谕旨中的文字漏洞，故意搅混概念，将功牌和宝星区分开来，变成两种不同的定义来理解。

注①：
《廷寄》，《筹办夷务始末》（同治朝）二，中华书局 2008 年版，第 989 页（830）。

注②：
《致史士良》，《左宗棠全集》10，岳麓书社 1996 年版，第 550 页（0467）。

注③：
《致史士良》，《左宗棠全集》10，岳麓书社 1996 年版，第 550 页（0467）。

左宗棠将宝星理解为是洋式的另类功牌，而将功牌则理解为是当时中国历史悠久的传统功牌，又进一步具体化理解为纸制印刷的功牌执照。如此，既然宝星难以仿造，那就不予提及。而清政府谕旨中命令的"至功牌为外国人所重，无论或赏银两，或赏物件，均不可无功牌"，那就干脆颁发纸制的功牌，"宝星仿造既难，而功牌则彼族所贵，自当以功牌赏之"。①

这样来办理，即省事省钱，表面上还遵照了清政府的指示，可谓一举多得。凭着这一偷换概念的理解，左宗棠下令在江西衢州寻找工匠，按照中国传统功牌的制作路径，就地雕刻木板，而后印刷成一张张纸质的功牌，以送到宁波颁发给洋人。在雕版印刷过程中，因为听说洋式功牌（宝星）还应该分为不同的等第，又重新进行了改版，在纸功牌上加上了等级字样。

当纸质的功牌的样品印出送到左宗棠案头时，左宗棠看了自己都觉得实在过于简陋，尤其所用的纸张还是非常薄的半透明的竹纸一类，用这种东西当作赏赐奖励颁发给洋人，似是不妥。为了能尽量显出这张纸的珍贵性，左宗棠又想出了将薄薄的纸功牌裱到红绫上的改良办法来应付。②

从本质上来说，左宗棠偷换概念，用传统的纸功牌来替代朝廷所说的洋式功牌／宝星，本意是出于省事、省钱的考量，可以说是宝星诞生之后，第一次遭遇到逆流来袭。不过令人哭笑不得的是，左宗棠虽然用纸功牌替代了金宝星，但是在为宁波的洋人准备奖品时，居然又鬼使神差般批准制作、颁发了一批真金白银的金牌、银牌。

如果比照崇厚在 1863 年时创下的先例，左宗棠在浙江批准制作的金牌、银牌似乎可以和崇厚拟制的金宝星、银牌相对应。之所以发生这种拒绝制发金宝星，但却又同意制作实际上等同于宝星的金、银牌的情况，似乎和宁绍台道史致谔在其中婉转补救有关。

可能是当得知左宗棠要用纸功牌冒充金宝星来糊弄洋人之后，在宁波具体办理奖品准备工作的宁绍台道史致谔觉得此事不妥，但又不能直接违逆性格强势的左宗棠的意旨，于是史致谔改换名目，表面上同意用纸功牌冒名顶替金宝星，而实质上又别开生面地以制作金牌、银牌的名义，使得宝星卷土重来。

非常有趣的是，从后来的实际操作看，由左宗棠批准、史致谔具体安排制发的金牌，竟也分为头等、二等、三等三个等级，恰巧和崇厚当年所做的金宝星分为一两四钱、一两二钱、一两共三个等级的情况相似。极有可能的情况是，史致谔在设法调查仿制宝星时，获得了由崇厚开创的宝星、银牌的规格、形式，从而在制作金牌、银牌时对其进行了模仿。

注①：
《复史士良》，《左宗棠全集》10，岳麓书社 1996 年版，第 572 页 (0489)。

注②：
《致史士良》，《左宗棠全集》10，岳麓书社 1996 年版，第 573 页 (0490)。

1864 年 3 月 27 日，左宗棠正式向清政府汇报了给洋人颁奖的具体办理细节，其内容如下：[①]

受奖人	所得纸功牌	所获金银牌	所获其他奖赏
英国总兵丢乐德克	功牌一张	头等金牌一面	闪缎衣料四件
			湖绸四匹
			大荷包一对
			小荷包一对
法国参将德克碑	头等功牌一张	头等金牌一面	闪缎衣料二件
			湖绸二匹
			大荷包一对
			小荷包一对
英国领事夏福礼	无	无	闪缎衣料四件
			湖绸四匹
			大荷包一对
			小荷包一对
税务司日意格	二等功牌一张	二等金牌一面	闪缎衣料二件
			湖绸二匹
			大荷包一对
			小荷包一对
法国兵头法兰克	同上	同上	同上
法国兵头葛格	同上	同上	同上
英国水师都司费达士	同上	同上	同上
英国兵头芬治	同上	同上	同上
法国教主田雷思	无	三等金牌一面	同上
英国翻译官有雅芝	同上	同上	同上
英国都司波格乐	三等功牌一张	银牌一面	同上
英国医官伊尔云	同上	同上	同上

个中显示出了一个重要的迹象，即左宗棠拟定给发的纸质功牌基本上和金、银牌的等级略为对应，几乎成了与金、银牌配套的获奖证书，而在此前，无论是崇厚还是李鸿章，在颁授宝星、银牌时，似乎并没有同时给予相应的证书。左宗棠的举动，歪打正着地给勋奖制度增添了新的内容。

四、传世实物——日意格所获金牌

极为难能可贵的是，1864 年由左宗棠上奏颁发给宁波一带有功洋员的金牌实物中，有一枚存世实物在 2000 年后被发现，即常捷军军官、时任宁波税

注①：

《左宗棠奏遵旨拟赏各洋将物件折》，《筹办夷务始末》（同治朝）三，中华书局 2008 年版，第 1040 页（871）。

务司法国人日意格所获得的那枚二等金牌，至今仍然由日意格家族收藏。考虑到宁波颁发给洋员的金牌，可能很大程度上源自崇厚在直隶创制的金宝星的设计，这枚金牌又成了一窥近代中国宝星初创时代风貌的重要实证。

这枚二等金牌实物被发现和得到确认，经历了一番小的波折。

日意格（Prosper Marie Giquel），1835 年出生于法国海滨城市洛里昂（Lorient），1850 年代考入海军学校，毕业后成为法国海军军官，第二次鸦片战争中随军来华。英法联军攻占广州后，成立城市管理委员会，日意格成为法方委员的秘书，在此期间开始学习中文，表现出了难得的语言天赋，很快成为法军中少有的通中文的人员。第二次鸦片战争结束后，日意格参加了联军设立的中国海关检查团，成为宁波海关首任税务司，参与组建和领导常捷军，因而和左宗棠相熟。后来，日意格协助中国成功创建了著名的船政，在中国近代史上留下了浓墨重彩的一笔。因为此种缘故，日意格几乎成了近代中法两国间交好的象征性人物。

2014 年，中法两国建交 50 周年之际，法国外交部部长在法国驻华使馆举行仪式，作为中法传统友好的象征，将一尊日意格塑像的复制品赠送给了福州马尾，后入藏中国船政文化博物馆展出。这尊塑像的原件是日意格在世

1. 中法两国友好交往的象征人物日意格。

2. 收藏于中国船政文化博物馆的日意格塑像。请注意塑像基座上的头等宝星形象。

1.日意格油画，可以看到胸前金灿灿的"环佩"。

2.常捷军时代，日意格（居中者）和其他常捷军军官们的合影，照片中日意格的胸前即挂有"环佩"。

时订制，现存法国日意格故居，塑像为半身像，极为写实，塑像的基座上则以浮雕的形式，刻画了日意格所获得的长方形的中国头等宝星勋章（下文将详述）。当第一次看到这尊塑像的照片时，著者即注意到了其中一个突出的细节，即塑像的胸前，刻画着一个类似环佩玉锁一样的物体，其造型极为中式化，显得非常特殊。当见到塑像复制品的实物后，更进一步加深了这个印象，只是塑像上的这个奇特物体，只表现了外形轮廓，并没有进一步的内容细节，无法辨明其真正的含义。

随后，这件奇特的"环佩玉锁"，在日意格生前聘请画师绘制的一幅个人肖像画上也被发现。彩色的油画上，这件"环佩"被画成金光灿灿的颜色，似乎表示是一件金质物品。围绕这件物体的身份为何，著者和一些研究者曾经进行过热烈讨论，有讨论者根据日意格曾经因为帮助中国建设船政而获得头等宝星的历史记载，认为这件挂在脖子上的"环佩"就是头等宝星。而著者根据既有的关于宝星造型的资料没有任何与此相似，认为并不应当是宝星，而可能是一种越南的勋奖章，因为历史上越南王朝曾制发过多种玉佩、玉锁造型的勋、奖章，只是对照日意格的生平历史，似乎并没有获得过越南勋奖章的记录。此后，随着中国船政文化博物馆收藏到一张日意格早年在常捷军中的合影照片，照片上日意格胸前就挂着这枚"环配"，更证明了这不是日意格1874年获得的头等宝星。

3

4

然而，由于缺乏这件"环佩"更细节的照片，日意格脖子上挂的"环佩"究竟是什么东西这个问题，仍然无从破解。

时间到了 2016 年，即船政建设 150 周年纪念之际。中国船政文化博物馆与法国学者魏延年在马尾联合举办《一个法国人的中国梦》展览，大量展出了魏延年从法国搜集到的有关日意格的照片、图片资料。此时，日意格"环佩"的实物现存状况照片赫然出现，由于是"环佩"实物的彩色照片，各种细节毕现，有关于这件物体的真实身份也终于水落石出。

这件"环佩"，竟然是 1864 年左宗棠批准、史致谔制作下发的那枚二等金牌。

从总体造型来说，金牌就是中国传统的"环佩"形式。其主体，是一枚圆形的徽章，即金牌本身。从表面细节来看，并非是规整的机制徽章，而是金银匠、首饰匠一类的工匠手工加工的物品，其中部自上而下是"大清御赏"四个字，字体的刻画修饰不甚工整，稍显稚拙。在中心文字的左右，各是一条飞龙纹样，同样也并不工整，较为抽象、简单。圆形的金牌背后，总体布局与正面相仿，左右也各有一条飞龙纹样，中心的文字则是"奖赐武功"四个字，其字体的刻画则比正面的"大清御赏"显得老到。金牌表面的图案、文字，恰好和左宗棠上奏档案中的描述吻合，飞龙纹对应了左宗棠所说的"盘龙金牌"的描述，金牌正面的"大清御赏"和背面的"奖赐武功"的最后一字，对应了左宗棠所说的"功赏金牌"的描述。

百年之后,文物与文献记载相互佐证,正是历史研究的奇妙之处。

由圆形的金牌向上,是两股最终相连的金链,用于将金牌挂于脖颈,非常特别的是,在两股金链之间,还有三件装饰物,从上而下分别是横框造型的金片(其寓意尚待解读)、二龙戏珠图案金片、福寿造型(蝙蝠、寿桃)金片,看起来较为突兀。自圆形的金牌向下,则是三股短金链,似是作为装饰的穗链。

"环佩"本身的细节显示,附加在金牌上下的链子以及装饰物,并不像是后期做的改造,当是在制作金牌时就是这副模样。中国传统的实物功牌,并不考虑佩戴的问题,大多只是类似纪念币的性质。而勋章、奖章对于西方人来说,最重要的意义之一莫过于佩戴在衣服上,以彰显荣誉。可能就是为了解决金牌的佩戴,以当时简便易行的工艺手段,给金牌加上了类似中国传统的金锁、玉佩所用的挂链。也许,崇厚在天津创制、李鸿章在江苏续办的金宝星、银牌等的造型,也是近似的面貌。

这件"环佩"的历史信息得以确认,不啻是给了现代人一把打开中国近代初期宝星之谜的可贵钥匙,为研究、推论中国近代宝星创始阶段的形象提供了重要的例证。

同时,这枚"环佩"身份得以确认,还有一层另外的意义。现代以来,在拍卖市场上,陆续出现过一些造型各异、铭文各异的中国早期贵金属功牌、金牌等物品,但是往往没有可靠的史料能够对应佐证。而对照日意格二等金牌的工艺与造型,又能发现出一些别样的问题,即部分现代出现的早期"功牌""金牌",造型非常规整,类似于机制币的效果,超出了日意格所获的二等金牌的工艺水准。而且在铭文、装饰图案方面,也是过于工整,并没有日意格二等金牌所传达出的早期金牌制作工艺水平不佳的信息。这种现象,值得深入思考。

五、另类的"奖武功牌"

仍然是在太平天国战争期间,还出现过另外一种既不同于金宝星,又未见于史料记载的另类功牌,即"奖武功牌"。

这种功牌主要见于西方收藏界出现的实物,目前大部分资料判断其属于太平天国战争期间英法官兵所获得的奖牌,还有资料将其直接称作"太平宝星"。由于在中国的档案文献中,难以找到与之对应的资料,甚至有观点怀疑这是后世臆造的一种奖章。但是在一张19世纪末印行的法国明信片上却看到了这枚奖章的图案,所以又无法武断说这种"奖武功牌"在历史上并不存在。经长期研究,在此谨作一个合理的推理。

目前所见的"奖武功牌"分为金质和银质两个级别,有很多有意思的地方。

首先,"奖武功牌"的整体形式采用了当时欧洲流行的奖章外形,包括章体、挂件和绶带,但章体又与中国外圆内方的"孔方兄"传统钱币的造型极其相似,

1.带有"奖武功牌"图案的法国明信片，明星片背面将其称作"龙之勋章"（Ordre du Dragon），并称其设立于1863年。

2.金质奖武功牌。

3.银质奖武功牌。

4.一款传统式的奖武功牌，由两江总督私人颁授，可能与奖武功牌有关系。

甚至可以说就是直接采用了中国钱币的造型，其正面是"奖武功牌"四个汉字，背面是双龙戏珠的图案，可以说是一个"中西合璧"的产物。

其次，从现世的所有实物可以看到，奖章的文字和图案绝大多数是统一形制的，所以可以判定绝大部分是通过机器制造出来的，而中国直到1880年代末才引进了压制机器设备来生产钱币或奖章，所以此章不可能是在国内生产。

再次，章体本身与绶带的挂件，又采用了英国奖章挂件的外形，但其获得者大多又是法国人，其原因不得而知。

综合分析上面几个方面的特点，可以做出一个大胆的推测，这些出现得非常突兀、不见于中文史籍记载的"奖武功牌"，可能是太平天国战争期间，一些英、法军官获得了中国地方当局授予的纸质功牌，未能得到实物的勋章。此后为了彰显荣誉，根据自身对中国文化的理解，私人统一委托欧洲珠宝商设计制作出来的一批实体功牌。

六、早期宝星的更多信息

1864 年 3 月 31 日，左宗棠率领的楚军与常捷军等一起，收复了被太平军占领的浙江省城杭州，克奏大功。4 月 25 日，左宗棠上奏为常捷军统领德克碑请奖。因为德克碑此前不久刚刚获颁了纸功牌、金牌等赏赐，左宗棠建议这次改用金钱奖励，即给予纹银二万两重赏。清政府接到这份奏报后，认为德克碑率常捷军配合规复浙江省城杭州的事迹与戈登率常胜军配合收复江苏省城苏州的事迹相同，因而赏赐不能超过戈登前例，于是将赏赐改为和戈登一致，同时因为戈登当年曾获颁了档案里称作"头等功牌"的金宝星，德克碑也应当如此办理，于是谕令左宗棠给予德克碑头等功牌一面、纹银一万两，其中的头等功牌，即重一两四钱的金宝星。

在上谕中，清政府还格外强调，要求给德克碑的头等功牌，必须和给戈登的完全一致："头等功牌式样、亦应与前赏戈登式样一律"。①

前次为在宁波的洋员授奖时，为了减少麻烦、节省费用，左宗棠祭出了混淆概念，用纸功牌代替金宝星的招数。但是这次清政府的上谕极为明确，而且要求左宗棠"向李鸿章咨取前式仿照制造"，使得左宗棠无从回避。前次奖励洋员时，左宗棠已经给过德克碑一枚类似于头等功牌的一等金牌，此次朝廷谕令再颁，不知道其制作颁发的头等宝星会否和此前颁发的头等金牌完全相同。由于历史档案中没有体现出左宗棠此后遵旨执行的具体情况，给今人留下了想象的空间。

时至 1865 年，因厦门海关税务司休士率众捕获了接济太平军的"古董"轮船，闽浙总督左宗棠、福建巡抚徐宗干联衔在 2 月 15 日上奏为其请奖。②依照此前的程序，这一涉及对外国人奖励的事件被清廷指令总理衙门拟具意见，总理衙门在 2 月 25 日议复，决定奖赏休士"一等金功牌一面，大荷包一对，

注①：

《廷寄》，《筹办夷务始末》（同治朝）三，中华书局 2008 年版，第 1049 页 (879)。

注②：

《左宗棠、徐宗干奏请奖厦门税务司休士折》，《筹办夷务始末》（同治朝）四，中华书局 2008 年版，第 1324 页 (1116)。

小刀一柄，火镰一把"，其中的功牌字样，仍然指的是宝星。<reference>①</reference>情形有所不同的是，当次清政府并没有按照谁申请、谁制作的宝星办理模式，而是责成统一由江苏巡抚李鸿章备齐，而后交给左宗棠下发。此举或是考虑到了宝星本身的制作难度，以及出于使得宝星的制式统一的目的。

极为珍贵的是，此后李鸿章汇报办事情况的奏折中，又为早期宝星的造型情况提供了新的信息。

1865年4月6日，李鸿章上奏汇报，称2月25日领受了为闽浙制作准备一等金功牌的任务，已由苏松太道丁日昌具体负责办齐，并送往了福州。在这份复奏中，李鸿章对于制作的一等金功牌有十分重要的表述。李鸿章称在领受为福建制作一等金功牌的任务后，同时得到了崇厚版宝星的式样，"函发天津所制宝星式样前来"，而后丁日昌是完全依照天津版宝星式样"照造"，而这枚宝星的形式是"一两四钱重，中嵌珊瑚"。<reference>②</reference>

无独有偶。当年的6月，福州将军英桂等为福州海关税务司美理登请奖，清廷决定赐予"头等金功牌一面、大荷包一对、小刀一把、火镰一把、并加赏绸缎数卷"，同样也谕令由江苏巡抚李鸿章负责统一制作准备，一并交给福州将军下发。<reference>③</reference>李鸿章在遵旨制备完成后上奏，再次提到制作的头等金功牌的特征，即"一两四钱重，中嵌珊瑚"。<reference>④</reference>

由于明确指出，是按照崇厚当年所制的宝星式样制作，这两则史料为崇厚拟制的宝星补充了极为重要的细节。即起码在一两四钱重的一等宝星的表面，镶嵌有珊瑚。珊瑚，在中国古代即被视同宝石，常见多用的主要是红珊瑚，推测用于宝星上的就是一种红珊瑚打磨的珠子。在金宝星表面，镶嵌了珊瑚宝石，更使得宝星实至名归。只是由于掌握史料有限，尚不知一两二钱和一两重的金宝星表面是否也镶嵌宝石，以及采用的是何种宝石。

由宝星上带有宝石这个逻辑，再回溯左宗棠于1864年制发给洋员的金牌，似乎能够产生一个大胆的推论，即金宝星和金牌之间的本质区别，或许就在于有无镶嵌宝石。

同是在1865年，就在奉旨为闽浙制作所需的金牌时，李鸿章因为常胜军随着太平天国战争进入尾声而陆续裁撤，在2月24日上奏为随同常胜军以及淮军作战有功的一批外国军官请奖，所提出的奖励方式就是金宝星和银牌，而且特别注明了是"仿照天津金宝星及银牌式样"。涉及给奖的人数多达64人，是早期金宝星、银牌历史上罕见的大规模颁发的例子。

注①：
《奕䜣等奏复左宗棠等嘉奖休士折》，《筹办夷务始末》（同治朝）四，中华书局2008年版，第1329页（1121）。

注②：
《李鸿章奏遵旨赏给休士功牌等件送左宗棠转交折》，《筹办夷务始末》（同治朝）四，中华书局2008年版，第1350页（1146）。

注③：
《奕䜣等奏议复英桂等奖励法美理登各员折》，《筹办夷务始末》（同治朝）四，中华书局2008年版，第1384页（1177）。

注④：
《李鸿章奏遵旨颁赐美理登物件折》，《筹办夷务始末》（同治朝）四，中华书局2008年版，第1438页（1225）。

1.1877年船政向欧洲派出第一批留学生，于1880年顺利留学完成。当年4月27日，经李鸿章等联衔会奏获准，向照料、教导船政留学生有功的西方人士授予宝星，图为授予法国巴黎政治学院校长布德米的宝星执照实物图片。

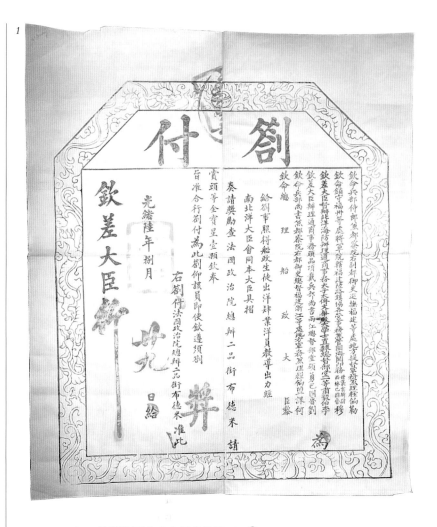

1865 年 4 月常胜军有功人员获奖情况：[①]

奖赏内容	人　员	事　由
一两四钱重金宝星	翻译官阿查里、前翻译官梅辉立、军火局官伯格斯、炮队兵官慕雷亚、英国兵官坚乐巴、法国兵官陆国费，共6人	帮同中国办理防剿事宜，均极出力
一两二钱重金宝星	摩尔安德、吉尔根、威里恩、帛里猛、浩尔德、达非逊、扎猛、钱尔德、等博尔底、博路斯、柔如底、斯米德、贝立、陶而、马飞、博尔利、都尔第、斯都尔利、嘉丢、好博逊、多木逊、温斯都利，共22人	在常胜军及会字营打仗最为出力

注①：
《洋弁请奖折》，《李鸿章全集》2，安徽教育出版社 2007 年版，第 18 页（T4-01-021）。

一两重金宝星	满士费、牡尔非、华得司、哪里师、把非、哼得格逊、轧朋、吉尔勃、司美勿、滕、谬滕、密琴纳司，共 12 人	在常胜军随同打仗出力
	满三德、惠威林、爱斯葛、乌利、薛尔喇、满孙、郝林、巴度、麻定、韦林、葛林孙、葛矾，共 12 人	在常州等处随营效力
银牌	爱林、司考里德、轧来蒙、羌勃里、勃兰尔、培里、已立地、香罗费、卜罗逊、礼尔师、吉林洛、备李，共 12 人	在常胜军随剿出力

七、早期宝星的真容

从 19 世纪 60 年代中后期开始，清政府地方奏请给予洋人功牌／宝星的实例变得越来越常见，宝星已经成为用于奖励洋人的重要形式。

这其中，陆续发生了诸如总理各国事务衙门统一制发宝星的尝试、总理衙门大臣奕訢收到外国政府赠送的外国宝星后的处理方法等一系列与宝星相关的事务。具有标志性意味的是，1866 年 8 月 20 日两广总督瑞麟上奏为处

龙星初晖——清代宝星勋章图史

1.瑞麟在两广总督任上第一次将"宝星"一词光明正大地用在官方公文上。

2.授予英国人葛德立的宝星实物。（供图/Spink）

3.葛德立宝星的其他实物图样。

理教案有功的外国翻译官梅辉立、葛德立请奖，奏折中直接请求为两名洋人颁发勋章，而且直接使用了"宝星"一词，没有再用遮遮掩掩的"功牌"。奏上之后，旋即获准，以此为嚆矢，宝星一词开始光明正大地彻底登上了官方公文。①

极为难得的是，瑞麟当时颁发给外国翻译官葛德立的那枚宝星实物，在21世纪后出现在了收藏市场，使得现代人终于能够直观地看到清王朝19世纪60年代创制的宝星的真实形象。

葛德立所获得的宝星为金质圆形牌，周围装饰有一圈"回"形纹，牌面居中镶嵌有一颗红珊瑚，沿牌面的中轴线，在宝石上方为竖排的"御赐"二字，宝石下方为竖排的"宝星"二字，上方"御赐"二字的左右则是横排的"大清"二字，下方"宝星"二字的左右是横排的"一等"字样，此外，在牌

注①：
《瑞麟等又奏可否请奖英领事罗伯逊翻译梅辉立立片》，《筹办夷务始末》（同治朝）五，中华书局2008年版，第1814页(1513)。

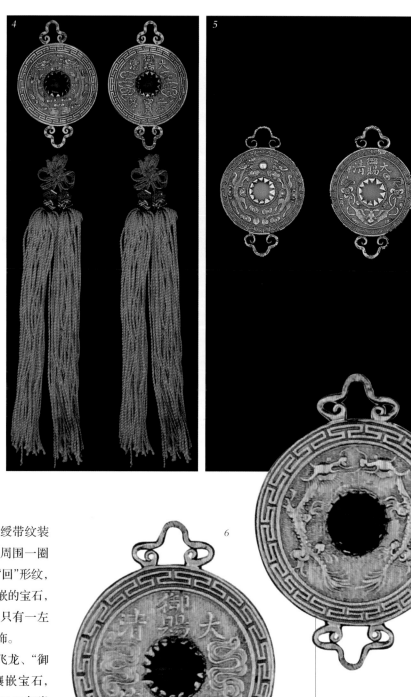

3

4

5

面左右还各有一组绶带纹装饰。牌面的背后，周围一圈仍是和正面一样的"回"形纹，牌面的中央仍是镶嵌的宝石，左右则没有文字，只有一左一右两条飞龙纹装饰。

　　圆形金牌、双飞龙、"御赐"铭文、中央镶嵌宝石，这一连串的细节与1863年崇厚创制以来有关宝星的多种特征描述吻合，证明了这一实物所体现出的就是中国最早的金宝星的形制状态。

　　除牌面本身的装饰外，在圆形的金牌上下，各连缀

6

4.现代收藏界出现的另一面早期二等宝星实物。

5.现代收藏界出现的早期银牌实物。

6.现代收藏界出现的早期二等宝星实物。

1.19世纪西方印刷品上出现的中国初期宝星形象。

ORDERS OF CHIVALRY №6.

CHINA - The Blue Button.

有如意纹造型的金制挂环，由实物看，上方的挂环连接类似领绶一样的小绶带，显然是为了佩戴所用，而下方的挂环则是连结着其装饰作用的穗饰，总体上看起来非常像当时中国人挂戴在腰辑的腰牌、荷包等形式。

饶有趣味的是，这种在圆形的金牌上方连接挂件，下方连接饰件的做法，与日意格所获得的赏功金牌的构成模式几乎完全相同，也侧面证明了左宗棠在浙江制发给日意格等洋员的金、银牌，实际上就是参考了金宝星的造型，只是没有镶嵌宝石而已。

依循着由葛德立所获宝星得到的关于早期宝星的造型特征，目前可以确认还有一些相同形制的二等宝星和疑似银牌的实物存世。

其中二等宝星也是金质，和一等的主要区别是宝星表面的铭文上出现的是"大清御赐二等宝星"字样，另外宝星表面镶嵌的宝石换成了一颗蓝色宝石。

银牌的造型和金宝星几乎一样，为银质圆牌。正面边缘装饰一圈回形纹，居中镶嵌一颗疑似砗磲或白色料器的宝石，宝石上方是"大清御赐"铭文，宝石左右则簇拥着瑞草纹样。银牌的背后，依然能看到镶嵌的宝石，宝石左右装饰的是两条飞龙纹。这处细节与1863年崇厚所拟的银牌不同，史料记载1863年所拟银牌表面装饰的应该是螭虎纹，推测可能在之后具体沿用时进行过修改。

与同时代的西方勋章相比，19世纪60年代出现的这种中国最早的宝星，仍然保留着大量的传统造型元素，其形象中"功牌"的成分还较浓郁，与西式的勋章、宝星等存在较为明显的差别。

八、船政的勋奖实践

到了宝星自直隶问世后的第十个年头，即1873年，福建又发生了一件对宝星历史研究至关重要的事件。

1866年，时任闽浙总督左宗棠为了获取中国海防近代化急需的蒸汽动力舰船，经奏请清廷获准，在福建马尾开创了中国近代史上著名的船政。船政创办开始，采取的是中外技术合作的模式，由曾任常捷军统领的法国人日意格、德克碑为技术总承包人，订立技术合作协议，帮助从欧洲组织西方技术团队来华，并采买一应的机器设备和图纸资料，在福州马尾开设机器厂、船厂、教育机构等，建造舰船、教导中国人员。

根据中外技术合作订立时所做的约定，西方技术团队应该在同治十二年十二月三十日（1874年2月16日）之前，完成有关工厂建设、军舰建造、人员培训等一揽子工作目标，如果届期完成，经中方考核合格后，将给予重奖。

在具体的运行过程中，日意格等率领的西方技术团队竭心尽力，在1873年11月即基本完成了各项考核指标，诸如建成15艘蒸汽动力军舰，培训、辅导中方人员自己管理运营整个工厂和船厂的工作，培训中方人员自行设计建造和驾驶军舰等等。

经详细考察后，船政大臣沈葆桢在当年的12月7日和闽浙总督李鹤年、福建巡抚王凯泰联衔上奏，如约为整个外国技术团队请奖。其中除了总计近15万两银的高额奖金外，沈葆桢等还在奏折里提起了宝星、金牌、银牌等奖

2

励形式，并开列了相关人员的拟奖名单向清政府上报。

船政洋员洋匠所获勋奖章情况[①]：

奖项	获奖人
赏给一品衔并一等宝星	洋员正监督日意格（Prosper Marie Giquel），洋员副监督德克碑（Paul-Alexandre Neveue d'Aiguebelle）
赏给三品衔并一等宝星	帮办斯恭赛格（L.Dunoyerde Segonzac），练船教习德勒塞（R.E.Tracey）
赏给四品衔并一等宝星	总监工舒斐（Jouvet），总监工仕德（Zédé），秘书博赖（Borel）
赏给四品衔并二等宝星	翻译日意杰（Giquel），医员布沙德（Poujade），前学堂教习禄赛（Rousset），前学堂教习迈达（Médard），后学堂教习嘉乐尔（Carroll），管轮教习阿澜（Allan）
赏给四品衔并金牌	总木匠师乐平（Robin），铁工厂主任博士忙（Brossement）
赏给五品衔并金牌	木模工头克林（Guérin），装配工头德索（Dessaut），木工工头马益识（Marzin），精密仪器工头马尔尚（Le Marchand），设计科科长卢维（Louis），仪表工头普瞳（Puthon），教习帛黎（Piry），教习仕记（Skey），练习舰枪炮长阿务德（Harwood），帆装工头三达士（Saunders），捻缝、装饰车间主任腊都实（Latouche），嘉部勒（Cabouret），力法索
赏给六品衔并银牌	木工领班卑德克（Péter），钻孔工领班腊佛奴（Raffeneau），木工机鲁（Guiraud），木工克那温（Quénaon），木工普里奴（Boulineau），铸模工领班阿贝顺（Robeson），铸模工领班特格岁（Decauchuis），轧铁工色尔乐（Cerle），铸模工巴里耶（Pailler），铁匠北山松（Besancon），装配工庇鸿（Piron），锁匠拉毕列（Rabiller），铁匠领班赛和（A.Serreau），铁匠领班塞和（C.Serreau），施工领班赛达格（Scheidecker），装配工维得禄（Vidlou），模型工领班穆莱（Müller），模型工逢士（Pons），锅炉制造工领班格士朗（Gosselin），铸模工法士德（Vastel），锅炉制造工杰达翁（Kerdraon），仓库保管员雷乙（Rey），职员赫彻那（Estienne），监工布鲁爱（Beloin），教授和排讬（Roberdeau）

注①：
陈悦，《船政史》上，福建人民出版社 2016 年版，第 268-270 页。

式包括了一等宝星、二等宝星、金牌、银牌等四种，共涉及一等宝星7枚、二等宝星6枚，金牌15枚，银牌25枚。在同一次奖励活动中，所要颁发的勋奖章等第、数量之多，形式之广泛，在当时可谓史无前例。

按照当时沈葆桢在测算费用时的说明，其中的一等金宝星和二等金宝星的重量一致，都是采取黄金制作，重一两二钱八分八厘三毫，每颗宝星以及配套的装饰盒等造价共为二十五两九钱三分八厘二毫银。金牌每面的重量则超过金宝星，重达二两三钱九分六厘，造价也高于金宝星，达到了四十四两九钱九分七厘银之多。银牌的重量为四两三钱，造价八两三分三厘银。[①]

从船政当时的方案看，金宝星的重量、等级划分，以及金、银牌的重量等，都和1863年崇厚拟定的先例不太一样，与后来江南、浙江、福建等地颁发的此类勋奖章的情况也有区别，是否在此前曾经发生过某种制度变更，尚不得而知，令人费解。

不仅如此，船政1874年颁发的宝星、金牌、银牌的形制，尤其是其中的宝星形制，现代以来因为发现了相关实物，显得非常特别。

实物即上文所提到的船政正监督日意格的雕像，在这件雕像的基座正面，以浮雕的形式赫然呈现了一个金宝星的形象。

出现在日意格雕像基座上的金宝星，造型是一面长方形的牌。牌面上带有两条飞龙纹装饰，两条龙一左一右，占据了牌面的较大空间，在两条龙纹的上方，是一个较小的带有火焰纹的龙珠图案。两条龙纹拱卫之中，似还有

1.日意格塑像基座部分特写。可以看到，在长方形的宝星图案上方还另有一个清代官帽形象的浮雕，象征着日意格所获得过的顶戴花翎荣誉。

2.沈葆桢对宝星的理解，又比前人更进了一步。

注①：
《海防档·乙》福州船厂（上），（台湾）"中央研究院"近代史研究所1957年版，第514页。

一列满文文字，只是因为是西方人制作的雕像，对于宝星上的这处过于细微的细节表现得较为模糊，难以辨明牌面文字的内容。

这个宝星造型与现代普遍认为是光绪七年（1881年）才出现的第一版双龙宝星中的头等宝星非常相似，倘若这就是当年日意格所获得的宝星的真实形象，这或许说明了长方形的宝星造型实际上由来已久，后来光绪七年《宝星章程》中出现的长方形高等级的宝星样式，可能就是对原有宝星样式的归纳和继承。

除宝星外，现代还出现了一种似乎和船政当时颁发的金牌、银牌有关的实物，其造型和早期的宝星极为相似，为圆形，金银牌的图案相近。金、银牌正面边缘是一圈和早期宝星完全一样的"回"形纹装饰，中央的主图是双龙戏珠，双龙分列左右，龙珠则位于双龙的中心上方，没有火焰纹。在龙珠的左右，分布了"大""清"二字，双龙的拱卫下，则是竖排的"御赐金牌""御赐银牌"字样。

　　金银牌的背面，总体布局和正面相仿。边缘一圈也是回形纹装饰，主图部分是分左右而列的两组祥云图案，在祥云图案上方，是横排分列的"福""州"二字，祥云图案的拱卫中，则是自上而下竖排的"船政成功"字样。和早期宝星有所不同的是，这种金、银牌的上下没有用于挂饰绶带、穗绦的如意纹造型挂环。

　　历史上，沈葆桢将给予西方技术团队勋奖的方案上呈清廷后，很快获得了批准，随后即由船政自行筹办所用的宝星、金银牌等件，"各员匠感戴皇仁，欢声雷动"。让人多少有些意外的是，西方技术团队的洋员、洋匠们一个个欢天喜地，开始整理行装准备回国时，有一位洋员却闷闷不乐。

　　原来船政大臣沈葆桢开列拟奖外国人名单时，竟然漏写了一位名叫日意杰的洋翻译。因为宝星、金银牌等赏赐，必须得到清廷的批准后才能发放，不能自行制造滥发，只能单独为这名洋人再专门上奏申请，而这位洋人为了亲手得到中国的宝星，竟然愿意宁可耽误行期，也要等到这枚勋章，向清王

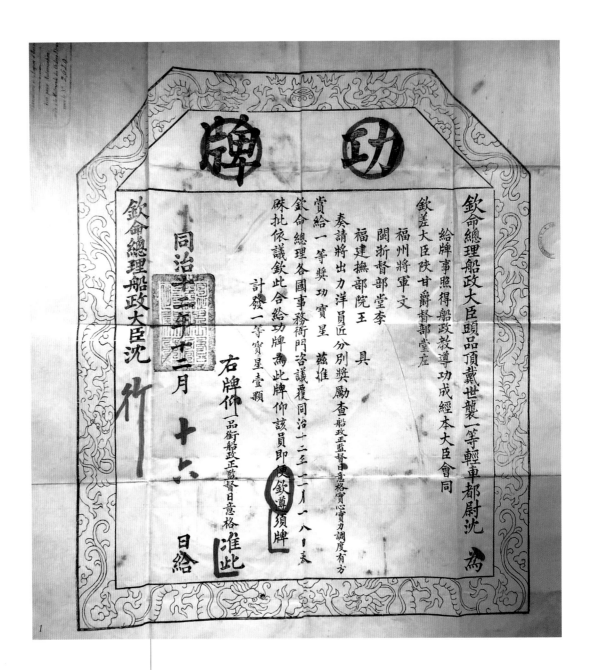

1

1.授予日意格一等宝星时同时颁发的执照。（供图/Wöschler Orden）

朝官员们生动地展现了外国人有多么看重勋章这种器物。

九、有关早期宝星的分析

从 1863 年创制，到此后 1881 年清政府总理衙门颁定《宝星章程》，中间所经历的这近 20 年时间，称得上是中国宝星发展的早期阶段。

这一阶段，宝星完成了从诞生，到以"功牌"之名进行的带有试行性质的颁发实践，乃至正式采用"宝星"名义名正言顺地登上了清王朝的公文的重要发展历程，成为清政府用于奖励有功外国人的重要勋奖形式。在授功缘由上，外国人无论是在中国立有军功，或是因为办理交涉、办理商务等于中国有利，都能被授予宝星，因而并不是一种单纯的军功勋章，而是当时清王朝国家的唯一一种国家勋章。

而这也是宝星的早期演变发展过程中的一个非常鲜明的特点，或者说欠缺。除了曾用宝星、金牌、银牌等来做出类似勋章和奖章的区分外，清王朝创制的宝星在勋章本身的荣誉性质上未做细节的设定。不管军功、外交，笼统为之，而不像当时西方的勋章制度，会有多种不同名义勋章的设定。

在具体的设计形式上，有案可考的大致有下列一些信息。

崇厚 1863 年拟制的金宝星	重量分为一两四钱、一两二钱、一两三种 正面文字："御赐" 背面图案：双龙纹
左宗棠 1864 年制发金牌	分为一等、二等、三等 主体为圆形牌，缀有挂链和装饰物 正面文字"大清御赏" 正面图案：双龙纹
李鸿章 1865 年代制金宝星	头等一两四钱重 中嵌珊瑚
瑞麟 1866 年颁发金宝星	金质，中嵌珊瑚
船政 1874 年制金宝星 （日意格雕像版）	头等重一两二钱余 牌面长方形 正面图案为双龙戏珠及文字

据此，可以大致梳理出早期宝星形制发展的路径。

最初，1863 年由崇厚在直隶拟制的宝星，推测为圆形，黄金铸造，按照重量分为三个等第，居中镶嵌有宝石（头等镶嵌红珊瑚，二等镶嵌蓝宝石），宝星的一面带有双龙纹样，宝星的上下都有如意形挂环，用于束系绶带、饰穗，宝星的佩戴方式是直接挂在胸前。这种宝星发展到 19 世纪 70 年代后，出现了日意格塑像上所显现的长方形宝星，或许这是早期宝星发展演变至下一个时代前的最后面貌。

双龙降生

第二篇

一、变革前夜

同治十三年十二月初五日（1875 年 1 月 12 日），清王朝同治帝载淳因沾染恶疾去世，由于其生前没有子嗣，慈禧太后等进行会商讨论，从皇族近支中挑选了醇亲王奕譞年仅 3 岁的幼子载湉入继大统，从农历新年开始改用全新的光绪年号，清王朝的历史进入了崭新的光绪朝时代。

从同治朝初年开始，中国国内的太平天国、捻军等农民起义运动相继被清王朝镇压扑灭，而清王朝对外与英、法、俄等国也相继修好，大体上归于和睦，之前在道光、咸丰朝时期出现的那种内忧外患不绝的景象终于渐渐消散，清王朝统治下的中国在同治、光绪朝交替之际显现出了一派天下承平的面貌，时人称为"同光中兴"。

在这一时期，中外间的交往更趋于频繁、密切。不仅主要的西方国家都向中国遣使、设立使领馆，清王朝也在 1876 年派出了第一位驻外特命全权公使，即出使英、法两国的郭嵩焘，且在英国首都伦敦设立了中国第一座海外公使馆。

此后，驻美国、西班牙公使陈兰彬；驻德国、奥匈、荷兰公使刘锡鸿，驻日本公使何如璋等陆续被派出，中外国家间的互相交往活动成为常态，清王朝终于磕磕绊绊地登上了世界舞台。[①] 还是在这一个时期，因为受到1874年日本入侵台湾事件的强烈刺激，清王朝决心励精图治、巩固海防，下令由直隶总督、北洋大臣与两江总督、南洋大臣分别筹建南、北洋海军，中国频繁向西方购买军舰、枪炮等近代化武器装备的活动由此开启，随之大量的洋人被雇佣到中国，充当教习、顾问、工程师等职，成了清王朝海防线上的一道独特的风景线。

创制于1863年的宝星，在这一时期的运用实践变得日益频繁，大量和中国发生交往而著有功绩的外国人获得了中国的宝星奖赐，造型特异的中国勋章开始引起越来越多西方人的注意。

此时的宝星制度，大致保持着1863年崇厚在直隶创制的模式，宝星仍然是黄金制成，分为头、二、三共三个等级。到了1879年时，直隶地区偶然发生了一桩宝星颁发活动中的歧误事件，使得清王朝的一些官员开始正视宝星制度是否需要进一步改进这个问题。

太平天国战争时代曾在江苏办理过宝星事务的李鸿章，在1870年出任直隶总督、北洋大臣，随后又受命筹建北洋海军。1876年的4月，克虏伯公司帮助北洋海防雇佣的德国炮术军官李劢协服务期满，其在职期间"尽心教练，著有成劳"，李鸿章感到非常满意，上奏请奖二等宝星，"以示优异"。当时，北洋的新式海、陆军建设刚刚起步，苦于缺乏专业人才，李鸿章于是又决定趁着李劢协回德国的机会，从北洋的淮军中挑选出了卞长胜等七名年轻力壮的军官，委托李劢协帮助顺道带往德国去留学陆军、海军技术。当年4月15日，李劢协带领七名中国军官一同乘船离开了洋务之城天津，漂洋过海，远赴德意志，这批军官成为中国近代史上最早的外派军事留学生。[②]

卞长胜等七人到达德国之后，经德国驻华特命全权公使巴兰德（Maximilian August Scipio von Brandt）的弟弟巴兰德提督帮助联络协调，德国国防部给予了专门的教学、实习安排，其中杨德明、查连标、袁雨春、刘芳圃等四人进入德国斯邦道的陆军部队随营实习，"第一年先习练手足及演枪各法，兼习德语；第二年随看林操所演迎敌、设伏及绘地图、排演各法；第三年习演带排随同林操，兼习文书"。卞长胜、王得胜、朱耀彩等三人则先是在斯邦道陆军部队进行短期学习，而后派入德国博洪炮厂学习枪炮制造，后来又派到了基尔军港，登上德国海军的舰船实习海军技术。这一期间，德方对七名中国留学生照料有加，"视同子弟"，不仅在教学工作上做了精心安排，甚至对于这些中国留学生的个人生活也关护备至，在每年的岁末还会将这些中国留学生

注①：
[美] 马士：《中华帝国对外关系史》第二卷，上海书店出版社2000年版，第344-345页。

注②：
《卞长胜等赴德国学习片》，《李鸿章全集》7，安徽教育出版社2007年版，第53-54页（G2-03-012）。

1.淮军军官王得胜在德国留学期间的留影。

2.淮军军官刘芳圃在德国留学期间的留影。

带到德国的高层社交场合历练,"每岁由该军总统带赴王宫宴会"[1],可谓无微不至。

关于德方热情接待和尽心教导中国留学生的情形,时任中国驻德公使刘锡鸿曾向李鸿章进行过通报,李鸿章深受其感,先是在1877年11月9日上奏,首先为在斯邦道军营教导中国留学生出力的德国军官德罗他请奖,获准授予其一面二等金宝星。[2]此后,1879年的9月16日,因为帮助安排、照料中国留学生的德国提督巴兰德表示对中国的宝星极为羡慕、渴求,李鸿章闻知后专门上奏获准,也授予其一面二等金宝星。[3]

到了这一年的12月2日,李鸿章又根据在欧洲的留学生华监督李凤苞的函请,因为在斯邦道陆军部队中留学的中国军官学成归国,奏请给予该部队

注①:

《武弁回华教练折》,《李鸿章全集》8,安徽教育出版社2007年版,第514页(G5-10-024)。

注②:

《请赏德罗他宝星片》,《李鸿章全集》7,安徽教育出版社2007年版,第469页(G3-10-015)。

注③:

《请赏德国提督宝星片》,《李鸿章全集》8,安徽教育出版社2007年版,第447页(G5-08-005)。

教导中国留学生出力的德国军官以奖励，具体的安排是对步兵第一营三等提督官波兰撒尔奖励二等金宝星一面，对第四营头等总兵官萨呢则、第四营一连二等总兵官哈克威各奖励三等金宝星一面。[①]

　　然而就是在这一次奖励方案上奏清廷获准之后，李鸿章却接到了德国方面要求调整奖励方案的意见。

　　由于是给不在中国的外国人授勋，当时颁发给这些德国军官的宝星，都是由李鸿章责成天津相关部门制办妥当后，直接送交给德国驻天津领事馆，由领事馆自行寄发回国发放。当后一次奖励给三名德国军官的宝星送至德国领事馆后，德国领事穆麟德（Paul Georg von Möllendorff）提出了不同的意见，认为此次授勋的安排有欠妥当。

　　问题的源头首先埋藏在 1877 年奖励德罗他的安排上。当时，李鸿章因德国军官德罗他教导有功，奏请奖励的是一面二等宝星，此事早已经通过德国驻天津领事馆转递发放完毕。李鸿章没有特别注意的是，德罗他在德国的

3. 派赴德国留学的淮军军官卞长胜，请注意他的着装。服装和平顶盔都是德式，但配以清朝的配饰。

4. 曾任德国驻华公使的巴兰德。

注①：
《德国兵官请给宝星片》，《李鸿章全集》8，安徽教育出版社 2007 年版，第 515 页（G5-10-025）。

1.作为开眼看世界的第一批中国人，李鸿章在中国勋赏制度发展史上也占有相当重要的地位。

军衔是"四等总兵"，大约相当于是现代的低阶尉官一类。而 1879 年时预备授勋的提督官波兰撒尔、头等总兵官萨呢则、二等总兵官哈克威三人，和德罗他都是在同一支德军部队任职的同僚，且这三名军官的军衔、职务都在德罗他之上，萨呢则、哈克威甚至于还是德罗他的顶头上司，但拟定给予萨呢则、哈克威的宝星只是三等，低于此前德罗他所获得的二等宝星。鉴于各人的获奖的缘故其实基本相同，倘若真的按此颁奖，下属所获的勋章等级高于上级，似乎会引起某些不必要的纷扰，"品级既高于德罗他，又为德罗他之上司，所得奖励未便次于属员"。德国驻津领事官建议李鸿章，起码也应该把萨呢则、哈克威的奖励从三等宝星调成和德罗他相同的二等宝星。至于提督官波兰撒尔，更是属于这支德国部队的部队长，官位较诸人都高，如果其属下的奖励都改成了二等宝星的话，显然就不适宜再颁发给其二等宝星，德国领事穆麟德建将对其的嘉奖改为颁发头等宝星。[①]

经过如此的一番解释、周折，李鸿章最终决定完全按照德国领事馆的建议来修改奖励方案，重新上奏汇报申请，改订颁奖等级，新制作了一枚头等宝星、二枚二等宝星发给这些德国军官，同时将之前已经送到德国领事馆去的宝星换回来"另存"。在这一事件中，李鸿章对宝星制度产生了一个非常重要的感受，即"西洋最重宝星，向分等级甚繁"，言下之意就是中国的宝星等级划分不甚严密。

以当时的情形来看，中国的宝星仅有一个种类三个等级，对比西方国家的勋章，的确显得太过粗枝大叶。而且，中国的各等级宝星并没有严格的授予条件规定，在没有一定之规的情况下，遇到洋人有立功情节，究竟应当授予其几等宝星，大多由进行申报的地方大员自行拍板拟定，显得十分随意。在具体的办理实例中，又明显以头等宝星颁发得较多，受到赠送顺水人情的传统思维的推波助澜，只要是和地方大员关系较熟稔，即使是有一些细枝末节的功绩，往往也会得到头等宝星的赏赐，这显然不利于突显中国宝星的奖功意义，甚至会使宝星的"含金量"降低，使清王朝的国家形象受到贬损。

因为给德国军官颁发宝星时考虑不周密，从而引生出换发宝星的小波折，

注①：
《德国兵官换给宝星折》，《李鸿章全集》9，安徽教育出版社 2007 年版，第 22 页 (G6-02-003)。

李鸿章虽然感觉到了宝星制度存在欠缺，但没有对这一问题继续深究。直到一年多之后，另一位清政府官员对宝星制度的不周产生了类似感受，而且萌生出了要对其实施改革的强烈兴趣，清王朝的宝星制度才终于迎来极为重要的变革，这位官员就是李鸿章的老师、清末中兴功臣曾国藩的儿子曾纪泽。

二、厘定宝星

曾纪泽，字劼刚，是曾国藩的次子，在曾国藩去世后承袭一等毅勇侯爵位，时称曾袭侯。曾纪泽早年在父亲的影响下，格外留意经世致用之学，并学习

2

2.清末出任中国驻英、法、俄三国公使的曾纪泽，照片摄于中国驻法公使馆。一定程度上，曾纪泽可以说是"中国勋章之父"。

060

1.第二次鸦片战争后清政府新设的洋务管理部门——总理各国事务衙门。

了英语、数学等西方知识，其知识面和国际视野之广阔，在同时代的中国官员中属于佼佼者。曾纪泽在1878年被派担任驻英、法公使，亲身到达当时世界工业文明的源发中心，耳濡目染中，对欧洲国家的科学技术、各种制度都格外留心关注、研究。

曾纪泽试图改革宝星制度的事件，如果追溯起来，还与曾在1863年创制金宝星的崇厚有着千丝万缕的关系。

1879年，崇厚奉旨出使俄国，此后围绕索还俄国强占的中国新疆伊犁等地的问题和俄方进行交涉，在克里米亚半岛的里瓦几亚（Livadia）展开谈判，同年9月，崇厚未向清王朝中央请示汇报，擅自和俄方订立了《交收伊犁条约》（西方称为《里瓦几亚条约》）。其中俄罗斯虽然同意将擅自占领的伊犁交还给中国，但中国为此需要将新疆大片领土割让给俄罗斯，还需要向俄罗斯支付高额军费补偿，以及给予俄国人在新疆的贸易特权。

这份明显损害了国家利益的条约擅自签订后，不仅清王朝中央极为震怒，下令将崇厚撤职审查，英国等与俄罗斯在中亚地区有着利益争夺的列强国家，也纷纷鼓动清王朝设法废除这一条约。1880年，清政府调派曾纪泽兼任驻俄公使，前往俄国进行改约谈判，经过艰难的谈判斡旋，曾纪泽力挽狂澜，终于在1881年2月12日和俄方签订了带有补救性质的《伊犁条约》，成为清末外交史上少有的通过谈判而为国家成功挽回重大损失的事例。

正是在与俄国谈判挽回崇厚因订约不慎而造成的损失时，曾纪泽对西方

1

国家的勋章制度产生了浓厚的兴趣。曾纪泽凭着对西方国家勋章制度的了解，以此对比中国当时的宝星制度，很快便发现了其中存在的不足。曾纪泽认为，中国宝星制度所存在的主要问题有两方面，即宝星的等第不清、颁发条件不明等，而这些恰好就是1879年李鸿章向德国军官颁发宝星发生歧误的重要原因，且李鸿章也曾对宝星制度存在的缺陷产生过类似的感受。

和李鸿章在感到缺陷后并未有所作为的情况不同，曾纪泽因为当时的身份是驻外公使，直接向总理各国事务衙门负责，而恰好总理衙门又是清政府当时负责宝星事务的部门，过问涉及宝星的事务，曾纪泽更为顺理成章。同时，曾纪泽敢作敢为的性格也有异于李鸿章，很快一封建议对宝星制度实施改革的公函就从遥远的欧洲寄发到了北京城的总理衙门。

曾纪泽在信中直指宝星制度存在的问题，认为总理衙门应该尽快采取针对性的修补措施，通过重新厘定宝星等级以及制定明确的宝星章程来加以解决。曾纪泽在公函中提出了十分具体的建议，首先就是厘定等级。在他看来，应该根据授勋对象的身份、地位来设计对应的宝星等级，各等级之间不能混淆，诸如应该创制一个最高等级的宝星，专门只用于赠送给外国的君王、元首，"以最崇之等列为首条，凡在臣工，均不得佩带"。在这个最尊贵的等级之下，再厘定奖励其他外国人的各等级宝星，"以奖西员"。

除了重新厘定等级之外，曾纪泽还建议宝星等级等事项必须要"明定章程"，即以国家法令的形式来制定、颁发一个成文的宝星制度。而且这一制度必须照会各国知晓，"颁示各国"，"内以慎重名器，外以联络邦交"，[①] 如此宝星才能在中国的传统礼仪体制中获得应有的名分和地位，不至于沦为一种专门应付外国人的临时奖品，这样在国际上也才能获得各国的了解和珍视。

曾纪泽本人并未料想到的是，他的这通函件由于寄递的时间极为关键，竟然真的就此启动了清王朝宝星制度的改革。

收到曾纪泽来信时，总理衙门恰好正在办理一桩准备授予宝星的工作。

此前在中俄谈判交涉期间，英国、法国、德国的驻华公使曾极力从中斡旋，经常到总理衙门为中国出谋划策，唯恐中俄两国发生冲突，"均以保全和局，屡屡为言，惟恐中俄失和，致伤睦谊，其情词殷恳，皆为顾全大局起见"。此时中俄修约完成，总理衙门准备上奏申请给这些外国公使颁发宝星，以示感激之情。就在这时，曾纪泽有关改革宝星制度的意见呈送到了总理衙门大臣案头，且内容言之有据，联系之前直隶发生的为德国军官颁奖发生的波折，总理衙门大臣遂决定采纳曾纪泽的建议，修改宝星制度，并且计划在此次奖励外国外交官时就要改用全新的制度。

由于总理衙门自身对宝星制度的理解有限，无从措手制定详细的改革办法，"宝星一事，嘱由本处设法整顿，自系为联络邦交慎重名器起见，惟中国向来颁赏宝星，仅凭总税务司暨外省呈报办理，此时应如何厘订章程之处，

注①：
《请旨定宝星章程疏》，《曾纪泽集》，岳麓书社2005年版，第69页。

皇太后
皇上聖鑒訓示謹
奏

賞給戚妥瑪等相同擬請
賞給寶星一面如蒙
俞允即由臣衙門先行照會各國使臣等再由臣等酌
定寶星等第的擬章程奏明奉
旨後製造頒給以示慎重名器懷柔遠人之意理合恭
摺具陳伏乞

當之處現在俄約互換諸事均已大定 臣等公同
商酌擬請
賞給戚妥瑪寶海巴蘭德寶星各一面並英國繙譯
官喜在明法國繙譯官德徵理亞林椿德國繙
譯官阿恩德寶星各一面尚有水師提督瞿貝
資亦因此事於上年四月來京經臣等接見所

1

1.总理衙门存档中收录的关于宝星的奏折底稿。

本处实无从悬拟"。于是照着"解铃还须系铃人"的思路，总理衙门复函曾纪泽，希望曾纪泽将此事办理到底，帮助总理衙门拟定具体的宝星制度改革方案，为此还做出了一条改革的方向性指示，要求曾纪泽"向英法俄各外部详细查询其国之制度若何"，以作为参考凭据。

1881年10月15日，总理衙门就上述事项正式上奏清廷。奏折的行文措辞颇有技巧，字面上看，主要内容是请求为中俄谈判期间对中国进行支持、帮助的英、法、德三国外交官颁发宝星，而对事关制度改革的厘定宝星一事，则在之后笔锋一转，顺带提及，内容则基本照搬了曾纪泽的意见，"查各国皆重视宝星，向有国君相与投赠与颁赐臣下之例，等第悬殊、重轻各判，其头等宝星从不轻易赐予。自中外交涉以来，虽立有头、二、三等宝星名目，叠蒙恩赏在案，而章程未定，致办理漫无限制，未免有轻重失当之处"。

总理衙门申请，先将准备赐予宝星一事向各国公使馆照会通知，而具体的宝星等级拟定，以及制作、颁发等事务，则等到重新核定宝星等第以及制定完宝星章程之后，再按照新的制度执行，"以示慎重名器、怀柔远人之意"。①

奏上之后，清廷上谕批示同意"依议"，宝星制度的改革就此获得批准。

当时，远在法国巴黎的驻英法俄公使曾纪泽正亲力亲为，潜心研究欧洲各主要国家的勋章制度，对照中国的典章制度，谋划新的宝星方案，"恭稽

注①：
国家图书馆藏历史档案文献丛刊《总署奏底汇订》第2册，全国图书馆文献缩微复制中心2003年版，733—734页。

奏底

謹

奏為各國使臣等顧全大局擬請
賞給寶星以示懷柔恭摺仰祈
聖鑒事竊上年因續修俄約並議收伊犁各事久而未定
英國使臣威妥瑪法國使臣寶海德國使臣巴蘭德
常偕其繙譯官等來臣衙門會晤均以保全和局屢
屢為言惟恐中俄失和致傷睦誼其情詞殷懇皆
為顧全大局起見查各國皆重視寶星向有國君
相與投贈與頒賜臣下之例等第懸殊重輕各判
其頭等寶星從不輕易賜于自中外交涉以來雖
立有頭二三等寶星名目疊蒙
恩賞在案而章程未定致辦理漫無限制未免有輕重失

会典，考证西图，并参以己见"。曾纪泽不仅就宝星制度的改革给出了详细的文字意见，拟定了完整的《宝星章程》，甚至还亲自挥毫作画，绘制了厘定的各等级宝星的设计图，摇身一变成了勋章设计师。最终，由曾纪泽一手制定的新的宝星方案和制度，以及用于参考的各国的宝星制度，全部邮寄至总理衙门，"绘图帖说，连同翻译西国宝星章程，咨呈总理各国事务衙门，以备查核"。[①] 总理衙门在 1882 年初奏呈清廷，旋于 2 月 7 日获得了批准。

由曾纪泽设计的这套宝星及其制度获得清政府批准通过的日期，按照中国的传统纪年，是光绪七年十二月十九日。现代收藏界习惯称这一版宝星为第一版双龙宝星，其实无论从版次还是习惯上来说，称之为光绪七年版双龙宝星，或 1882 年版双龙宝星，似乎才更恰当妥帖。

三、新的制度

曾纪泽制定的宝星制度，是参酌当时西方国家的各种勋章制度，以此来对照、完善中国原有的宝星，从而形成的一整套新的制度。其改革、厘定的主要内容，依循着宝星的"名目""等第""藻饰""执照"四个方面进行着手细化，分别明确了各项专门规定。

注① ：

《请旨定宝星章程疏》，《曾纪泽集》，岳麓书社 2005 年版，第 69 页。

1.早在双龙宝星刚刚设立十二年之后的1893年，德国出版的一本名为《Ritter- und Verdienstorden》（骑士与功勋勋章）的书籍上就有了光绪七年版双龙宝星的内容。

名目

"名目"即中国宝星的正式名称。1863年时任直隶总督崇厚首先提起"宝星"一词后，宝星逐渐成为清王朝当时所颁行的金质勋章的代名词。然而从这一名词创始时的含义来说，宝星实际是对西式勋章的泛指，即"外国功牌"的泛指，只相当于是"勋章"的意思，而并没有特指具体是"某某勋章"。以泛泛的"宝星"二字作为清王朝颁发的具体勋章的名称，这样的处理办法显然不正规，尤其是在颁发时，或是洋人问及时，难以说明勋章的名称究竟是什么，显得非常不正式，因而需要为中国宝星拟定专门的名称。

当时西方国家的勋章制度成例中，有根据勋章表面的装饰纹样而命名勋章的情况。而清王朝从1863年开始出现的宝星上，普遍存在着双龙纹装饰，龙恰好是类似于清王朝国徽一般的神圣图案，具有代表皇权和国家形象的含义，清王朝的国旗上也是采用飞龙图案。新的宝星制度据此拟定名称，将厘定后的宝星具体定名为"双龙宝星"。"中国之旗帜向例以绘画龙文为识，现仿照此例，于宝星之上錾以双龙，即命名曰双龙宝星"。[①] 对此，后来西方习惯直译为 Order of the Double Dragon。而清王朝当时官方的拉丁字母译名采取了法语，称为：Ordre du Double Dragon。[②]

等第

清王朝的宝星自1863年问世以来，一直分作三个等级，即头、二、三等。曾纪泽认为这种等级设定明显过少，不利于细化授奖规定，而且各等级宝星授予对象的标准非常模糊，在具体申请颁给时容易发生问题。曾纪泽拟定的方案里，将宝星改成了五个等级，"首列优等，以备致予邦君；继列各项名目，以酬出众勋庸；末附五等功牌，以奖寻常劳绩"。[③]

等第

具体共分为头等、二等、三等、四等、五等，其中的头等、二等、三等之中，每等又再细分为三级，总计双龙宝星的等第可以分为十一个等级。

各等级的颁授条件，并不是以功绩的高低作为衡量标准，而是按照授勋对象的身份、职业、社会地位为标准进行设定，具体为：

头等第一（Class 1，Grade 1），专用于颁发给外国君主、元首。

头等第二（Class 1，Grade 2），专用于颁发给外国太子、亲王以及皇亲国戚等贵族。

注①：
《通商条约章程成案汇编》16卷，光绪十二年版，第14页。

注②：
JACAR(アジア歴史資料センター)Ref.B18010219800、外国勲章例規関係雑件 / 第一巻 (6.2.1.4)(外務省外交史料館)。

注③：
《请旨定宝星章程疏》，《曾纪泽集》，岳麓书社 2005 年版，第 69 页。

blauem Email, am Rücken, Bart und den vier Füßen mit hellgrün verbrämt und reich mit Gold schattiert. Augen, Rachen, Schwanzenden und Krallen sind weiß, letztere mit etwas fleischfarbe schattiert und goldumsäumt. Zwischen den Köpfen des Drachen befindet sich innerhalb eines weißen, mit Blau schattierten und goldumränderten Strahlenkranzes eine Art Kokarde, außen grün, innen blau, innerhalb deren bei der ersten Stufe eine Perle, bei der zweiten Stufe ein Rubin, bei der dritten Stufe eine glatte Koralle angebracht ist. Außerdem unterscheiden sich die drei Stufen noch durch verschiedene Größe, Breite des Bordes und verschiedene Form der Henkel; letztere sind bei allen dreien indes dunkelblau, goldbordiert, mit kleinem, goldbordierten, grünen Verbindungsglied unten und desgleichen oben. Die abgebildete ist die dritte Stufe des ersten Grades (Fig. 81); diese, die erste und die zweite Stufe sind in der Länge gleich, nämlich 7.9 lang, die zweite und dritte 5 cm breit, die erste dagegen 6.5 cm breit. Der Bord ist bei der ersten und dritten Stufe 4, bei der zweiten 7 cm breit, außerdem befindet sich bei der dritten Stufe außer den unter Perle, Rubin, bzw. Koralle, über den Drachenköpfen und hinter den Schwänzen angebrachten

Fig. 81.
Orden des doppelten Drachen.
Dritte Klasse des ersten Grades.

chinesischen schwarzen Inschriften, noch eine sechste und siebente beiderseits des Rubins. Bei der dritten Stufe befinden sich ferner zwischen den Drachenleibern verteilt sechs grüne, goldbordierte, dreiblättrige Pflanzen, bei der zweiten ebenso,

Fig. 82.
Orden des doppelten Drachen.
Erste Klasse des zweiten Grades.

doch fehlt in der Mitte das obere Paar, ist aber außen in der Schwanzbiegung angebracht; bei der ersten Stufe ist das obere Paar zweiblättrig und statt des mittlern ein innen rosa, außen blau gefärbtes goldbordiertes Blatt (Blutegel?).

Die zweite Klasse (Fig. 82 bis 84) ist rund, Durchmesser: 5.9 cm; der Grund gelb (mattgolden), die Drachen silbern; zwischen den Leibern innerhalb der oben beschriebenen Ringe und des Strahlenkranzes, der hier

Fig. 83.
Orden des doppelten Drachen.
Zweite Klasse des zweiten Grades.

grünschattiert ist, eine rosafarbene gravierte Koralle. Die drei Stufen unterscheiden sich durch Form und Verzierungen der Einfassung, welche bei der ersten und zweiten Stufe spitz, bei der ersten durch acht gleichgroße, dunkelblau- und acht hellgrün-bordierte, bei der zweiten oben und unten je einen dunkelblau-, sonst hellgrün-bordierte, alle miteinander

durch goldbordierte blaue Bogen verbundene Spitzen haben, während die dritte Stufe acht abwechselnd dunkelblau und hellgrün bordierte breite Spitzen zeigt. Die erste Stufe hat einen doppelten Henkel, oben dunkelblau mit goldenem Ringe

Fig. 84.
Orden des doppelten Drachen.
Dritte Klasse des zweiten Grades.

und grünem, unten hellgrün mit dunkelblauem Verbindungsgliede, die zweite und dritte, in der Form verschieden, hellgrün mit dunkelblauem Verbindungsgliede und goldenem Ringe, oben alles goldbordiert. Der das Medaillon vom Rande trennende Kreis ist blau, mit mehreren konzentrischen Goldkreisen.

Die dritte Klasse ist rund, Durchmesser: 6 cm, die Grundfarbe ist grasgrün, die Drachen golden, zwischen ihnen ein Saphir innerhalb eines in der Größe verschiedenen, von Silber, dunkelblau und hellblau mehrfach abwechselnden Kreises, der bei der ersten Stufe noch mit silbernem blau-

Fig. 85.
Orden des doppelten Drachen.
Erste Klasse des dritten Grades.

Fig. 86.
Orden des doppelten Drachen.
Zweite Klasse des dritten Grades.

Fig. 87.
Orden des doppelten Drachen.
Dritte Klasse des dritten Grades.

schattiertem Strahlenkranze umgeben ist (Fig. 85). Alle Borde sind dunkelblau, silbern gesäumt; bei der ersten und dritten Stufe (Fig. 87) ist grün mit silbernen Borden und dunkelblauen silberbordierten Verbindungsgliedern, bei der zweiten Stufe (Fig. 86) umgekehrt; der

Grätzner, Orden. 5

Ring bei allen dreien mattgold, silbernbordiert. Die Verzierungen des Randes innerhalb des blauen Bordes sind silbern; der das Medaillon vom Rande abtrennende Kreis ist blau, silberbordiert.

Die vierte Klasse (Fig. 88) ist rund, Durchmesser: 4 cm, ohne Verzierungen um den Rand, der vielmehr nur zwei

Fig. 88.
Orden des doppelten Drachen.
Vierter Grad.

silberbordierte Reifen, dazwischen einen silbernen Grec-Bord. Die Drachen sind silbern, zwischen ihnen, umgeben von weißem Strahlenkranz und silberbordiertem blauen Reif, ein lapis lazuli. Der Henkel ist wie bei der III. Klasse III. Grad, doch mit nur einem Verbindungsgliede.

Die fünfte Klasse (Fig. 89 S. 68) ist rund, Durchmesser: 3 cm, die Grundfarbe ist grasgrün, die Drachen grün, sonst alles von Silber; in der Mitte, innerhalb weißen Strahlenkranzes und dunkelblauen und goldenen Reifens eine Perle. Der Henkel ist silbern.

5*

2. Band (Fig. 90 u. 91) von der ganzen ersten Klasse, sowie vom ersten Grade der zweiten Klasse von der rechten Schulter zur linken Hüfte, von der III. Klasse um den Hals, von der IV. und V. aber auf der linken Brust getragen, ist je nach den Klassen und Graden, in der Farbe verschieden, dagegen in der Zeichnung gleich, wie abgebildet, doch entbehrt das III., IV. und V. Klasse der Fransen und gelben Vorsatzstücke an den Enden. Die Farben sind folgende:

I. Klasse, I. Stufe: Band hellbraun, hellgrüne Grec-Bordüren, die Drachen und die Figur zwischen den Köpfen blau, die Drachen mit schwarzen Kämmen und Krallen, das Ende mit den Fransen, welche blau, gelb, mit schwarzem Netz.

I. Klasse, II. und III. Stufe: Band dunkelbraun, Drache und Figur dazwischen silbern, Grec-Bordüre dunkelgrau, Enden gelb, Fransen blau (wie I. Stufe).

II. Klasse: Band rosa, Grec-Bordüre hellgrün, Figur silbern, mit hellgrünen Spitzen, Drachen gelb mit silbergesäumten, dunkelblauen Kämmen und Krallen.

III. Klasse: Band dunkelblau, Grec-Bordüre silbern, Drachen rot, silbergesäumt, mit grünen Kämmen und Krallen, Figur: Scheibe silbern mit silberbordiertem hellgrünen Spitzen.

IV. Klasse: Band dunkelbraun, silberne Grec-Bordüre, Drachen grün, mit gelben Kämmen und Tatzen, Figur: silberne Scheibe mit gelben Spitzen.

Fig. 89.
Orden des doppelten Drachen.
Fünfter Grad.

V. Klasse: Band hellgrün, mit blauem Grec-Bord und blauen silberbordierten Drachen, mit orangegelben Kämmen und Tatzen; Figur: silberne Scheibe, mit orangefarbenen Spitzen.

Fig. 90.
Orden des doppelten Drachen.
Band.
(Mittelstück und Enden.)

Der früher in China existierende „Ordensstern" („Pao hsing") ist aufgehoben. Das unter den Orden öfters angeführte „Kung-pai" war kein Orden oder Ehrenzeichen, vielmehr nur ein Patent über geleistete gute Dienste. Die „Knöpfe" und „Pfauenfedern" an den Kopfbedeckungen der Würdenträger sind lediglich Rangabzeichen, keine Orden.

Fig. 91.
Orden des doppelten Drachen.
Band.
(Stücke nä zu einem Ende.)

Es besteht somit gegenwärtig in China lediglich und ganz allein nur noch ein Orden, der obengenannte des doppelten Drachen.

1.清政府驻日公使为说明双龙.宝星颁行而向日本政府递交的照会,文件中标明了双龙宝星的法文标准译名。

头等第三（Class 1，Grade 3），专用于颁发给外国世爵大臣、总理大臣、各部大臣、头等公使等高级政府官员。

二等第一（Class 2，Grade 1），专用于颁发给外国二等公使。

二等第二（Class 2，Grade 2），专用于颁发给外国三等公使、署理公使，以及总税务司。

二等第三（Class 2，Grade 3），专用于颁发给外国头等参赞、重要武官、总领事、总教习。

三等第一（Class 3，Grade 1），专用于颁发给外国二等、三等参赞，以及领事、正使随员、海军头等管驾官、陆军副将、教习等。

三等第二（Class 3，Grade 2），专用于颁发给外国副领事、海军二等管驾官、陆军参将等。

三等第三（Class 3，Grade 3），专用于颁发给各国翻译官，军队的游击、都司等官。

四等（Class 4），专用于颁发给各国的兵弁。

五等（Class 5），专用于颁发给各国的工商人等。①

藻饰

"藻饰"即双龙宝星上的装饰，尤其是指其主要装饰。在此之前，中国原

注①：

《通商条约章程成案汇编》16卷，光绪十二年版，第15页。

有的宝星上，以镶嵌在宝星中央的宝石作为主要装饰，曾纪泽的设计中继承了这一传统，又有新的发挥演绎。曾纪泽参考当时中国官员以顶戴区分品级的传统制度加以模仿，决定各等级双龙宝星上各镶嵌一颗不同的珠宝，根据珠宝的颜色就可以快速分别宝星的等第。"我朝之有品级考例，意甚严，故上自王公，下及生监，向以顶戴别尊卑。现拟参用此意，于宝星之上镶嵌珠宝一颗，分其颜色以示区别"，[①]具体按照等级不同，出现了珍珠、红宝石、红珊瑚、蓝宝石、青金石、砗磲等种类。

执照

"执照"即双龙宝星的证书。此前清政府颁发金宝星等，原本不会再额外发给一张证书，但是在福建等地的颁授实践中，也曾出现过在颁发金牌、金宝星时，同时发给受奖者一张类似于证书的纸功牌的情况。不过这种带有收执凭据性质的证书样式不一，所刊印的文字内容也不统一，显得杂乱无章。

曾纪泽在制定双龙宝星章程时，参考了西方国家的勋章证书，对双龙宝星的证书做了具体化规范。因为头等第一、第二是授予外国的元首、王室亲贵，不便颁发证书，具体由总理衙门以正式外交照会的形式通过相关国家的外交部门转递。从头等第三开始，各等级双龙宝星在颁发时一并颁给证书，证书的名义为"执照"，内容中前半段是抄录批准颁发宝星的谕旨，后半段则填入受奖人的姓名、籍贯、受奖事由以及授予宝星的年月日等信息，在这张执照上加盖总理衙门的关防生效。

对照具体的存世实物，其行文范式大致如下：

大清国总理各国事务衙门和硕恭亲王等具奏厘定宝星章程请旨遵行一折，光绪七年十二月十九日奉旨依议钦此，钦遵行，知照在案。

今因某国某人某事，经某处奏请给予某等宝星。本衙门于某年某月某日具奏，奉朱批。

计开，某等宝星。右给某人收执。

除了上述四项主要改革内容外，总理衙门在上奏汇报这一全新的宝星制度时，还补充了关于宝星褫夺的规定。即，倘若有获得宝星的外国人此后因为劣迹而被其国家惩处等情况，总理衙门将会追缴宝星和执照。

除了上述四大项厘定修改外，曾纪泽后来还曾向清政府提出过第五项有关宝星制度的修改内容，十分值得注意。

在此之前，宝星以及由其衍生出的金牌、银牌等，是纯粹颁发给外国人的勋奖物品，曾纪泽在拟定双龙宝星制度时想要加以调整修改，向清廷上奏，

注①：

国家图书馆藏历史档案文献丛刊《总署奏底汇订》第 2 册，全国图书馆文献缩微复制中心 2003 年版，第 736 页。

1.做工精良的头等双龙宝星宝带。（供图／Morton & Eden Ltd）

称双龙宝星不应只用于颁发给各国人士，也应同时可以授予中国人，"可否准令中外臣工，如奉特旨恩赏何项宝星，亦得一体佩带，庶西洋各国诸人信尊荣之有据，益奋勉以图功"。①

曾纪泽设想这一条宝星制度的改革方案，可谓极具世界眼光，要将西式勋章的颁奖对象扩大到中国的官员百姓。这种设想在现代人眼里，可能并感觉不到其中有多么的不平凡，但在曾纪泽上奏提议的当时，清王朝能同意仿制源自西洋的勋章用于奖励外国人，已经是不得了的破格之举，而要把西式的勋章制度引入到中国的勋奖体制内，则不啻是一场要变更祖宗成法的大革命，甚至会被保守势力怀疑这种变革是否将动摇皇朝的根基。

最终，曾纪泽的这项提议无疾而终，成为所拟定的光绪七年双龙宝星相关诸项制度中，唯一未获得批准的部分。

四、各级双龙宝星

按照曾纪泽所拟定的等第、绘制的图样，光绪七年版双龙宝星悄然降生，犹如划过夜空的一颗绚丽星辰，为世界勋章之林增添了来自东方的独特色彩。

光绪七年版双龙宝星几乎保留了原有金宝星的全部设计元素，又加入了更多新鲜的形式。这版宝星全部采取了西方所称的领绶式（neck order），各等第均配套有领绶式绶带（collar ribbon，称为宝带），用以系在领间佩戴，其各等第双龙宝星的具体造型如下所述。尽管清末"宝星"一词的由来，最早是源自对西方星芒式勋章的印象，但是和此前的宝星一样，光绪七年版双龙宝

1

注①：

《请旨定宝星章程疏》，《曾纪泽集》，岳麓书社 2005 年版，第 70 页。

星事实上在造型中看不到一点星芒勋章的样式，此时"宝星"一词纯粹就是勋章的代指，不具有勋章造型的含义。

2.与图样出入较大的一枚光绪七年版三等第一双龙宝星。

3.另一枚光绪七年版三等第一双龙宝星。（供图/Morton & Eden）

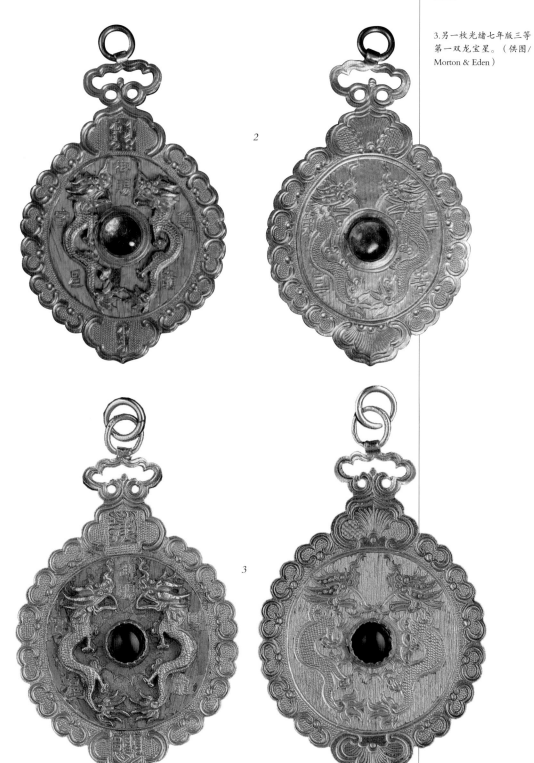

2

3

表：光绪七年版双龙宝星图样（制图/巴超）

等级	图样
头等第一	
头等第二	
头等第三	
二等第一	

二等第二	
二等第三	
三等第一	
三等第二	

三等第三	
四等	
五等	
宝带	

头等双龙宝星

头等双龙宝星为长方牌型，和出现于船政洋员日意格塑像基座上的头等宝星样式极为相仿。其材质为十足赤金，也就是纯金，头等宝星的尺寸是竖长三寸三分，横宽二寸二分，均采用的是中国的营造尺单位，双龙宝星设计师曾纪泽在法国曾专门自制过用于换算的尺子，并在日记中记录了当时中西方衡量单位之间的换算标准，按此营造尺1尺相当于公制的31.95厘米。以这种比率进行换算，头等宝星的竖长是10.5435厘米，横宽是7.029厘米。

金光灿灿的头等宝星，其背后是光面，没有设计装饰，主要的铭文、图案和装饰均施于正面。宝星正面四周，刻画了一整圈环绕的"回"字纹，宝星正面的主图为双龙戏珠图案，两条四爪龙造型、附带有火焰纹衬托的龙纹分列在头等宝星牌面的左右，龙纹及相关的火焰纹表面采用珐琅工艺装饰为蓝色。在宝星正面的居中上方，即两条龙纹头部相对处，镶嵌由宝石充当的龙珠，其中头等第一宝星镶嵌珍珠，头等第二宝星镶嵌红宝石，头等第三宝星镶嵌光面的红珊瑚，在龙珠镶嵌处外围环绕刻画一圈火焰纹。

除了装饰图案外，头等宝星牌面上刻有汉、满两种文字的铭文。因为汉字通用性较广，又鉴于头等第一宝星因为授予对象是各国元首，不方便在宝星上直接出现汉字的"御赐"之类显得地位不对等的词语，因而在铭文措辞上与头等第二、第三略有不同。

头等第一宝星上的汉字铭文为"双龙宝星"四字，分布于宝星牌面的四个角落，其中右上、右下角分布"双""龙"二字，左上、左下角分布"宝""星"二字。头等宝星上的满文位于牌面中央，从龙珠向下竖排，内容为大清御赐一等第一。

头等第二、第三宝星上的汉字铭文为"御赐双龙宝星"共六个字，"双龙宝星"四字的排布和头等第一宝星一致，多出的"御赐"二字则位于宝星牌面顶部，分列在龙珠的左右两侧。

1

2

3

头等宝星方形牌面的正上方，缀有如意纹式样的挂环（施蓝色珐琅彩），用于系挂绶带。与头等宝星配套的绶带称为宝带，长度是营造尺一尺三寸，宽一寸五分，换算成现代计量单位就是长41.535厘米，宽4.7925厘米，宝带的两头带有穗绦装饰。头等第一宝星配用金红色宝带，宝带两端各有一段装饰铜钱纹，宝带的中央部分绣有金色双龙戏珠纹，宝带的边缘外围环绕着回字纹装饰。头等第二、第三宝星配套的宝带长度和头等第一相同，颜色为大红色，表面刺绣的双龙戏珠戏纹为银色。在光绪七年双龙宝星制度中，没有就宝带的具体制作工艺做出说明，从现代存世的一些实物来看，宝带表面的各种纹样，大多是采用当时中国运用较为常见，观感繁复奢华的盘丝绣工艺制作。

5

1.光绪七年版头等第三双龙宝星。（供图/Tallinn Museum of Orders of Knighthood）

2.带宝带的光绪七年版头等第三双龙宝星。（供图/Tallinn Museum of Orders of Knighthood）

3.由英国威廉·吉布森和约翰·朗曼金银器公司（William Gibson and John Langman of the Goldsmiths & Silversmiths Company）制造的一枚光绪七年版头等第三双龙宝星。请注意挂环背面的"WG JL"厂铭。（供图SBP）

4.光绪七年版二等第一双龙宝星。（供图/Tallinn Museum of Orders of Knighthood）

5.上方绶带被修成了奥地利三角款式的光绪七年版一等第三双龙宝星勋章，可以肯定其获得者来自奥匈帝国。

4

龙星初晖——清代宝星勋章图史

076

龙星初晖——清代宝星勋章图史

1. 光绪七年版二等第二双龙宝星。

2. 另一枚光绪七年版二等第一双龙宝星。

二等双龙宝星

光绪七年双龙宝星中的第二等为前所未见的多瓣莲花曼陀罗造型，甚至容易让人产生是佛教法器造型的独特观感。二等宝星总体近似于圆形，外缘最大直径为营造尺二寸七分，即 8.6265 厘米，其材质也是赤金。

二等双龙宝星的装饰图案也都集中于宝星的正面，其主图部分位于宝星中央的圆形圈内，装饰有一左一右两条四爪银龙纹，龙珠处于两条龙纹的拱卫之中，处在整个宝星的居中位置，二等第一宝星的龙珠采用光面红珊瑚，二等第二、第三宝星的龙珠则采用表面刻画了圆形"寿"字图案的雕花红珊瑚，龙珠镶嵌处的周围有很漂亮的火焰纹装饰。在两条银龙纹的龙首相对之处，是从上而下的汉字"御赐"二字铭文。

宝星的中央圆圈外的外围部分，是带有装饰性的莲花瓣造型区域，二等各级宝星的莲花瓣造型各有不同。二等第一宝星为八瓣莲花造型，八个莲花瓣均采用传统的如意纹式样，边缘使用珐琅装饰为蓝、绿二色。二等第二宝星也是八瓣莲花型，但花瓣造型较二等第一简洁，边缘也装饰为蓝、绿二色。二等第三宝星的外围，则是如意纹、云头纹相结合，宝星上下各位一个大的如意纹造型，左右则各是 3 个小如意纹和 2 个小云纹衬托。在宝星的外围部分，上方是竖排的汉字"御赐"，左右边角分别铭刻"双龙宝星"四个汉字，上下两边则分别镌刻满文"大清御赐二等"字样。

二等宝星的上缘也装饰如意纹造型的挂环，二等第一采用了两个如意纹

3.带有宝带的光绪七年版二等第二双龙宝星。

4.由欧洲珠宝商于20世纪60年代制造的光绪七年版二等第二双龙宝星仿品。（供图/Morton & Eden Ltd）

5.光绪七年版二等第三双龙宝星。

1.一套光绪七年版三等第一双龙宝星。请注意其手提包型的盒子，勋章名称和等级印在了内瓤布上。（供图/Morton & Eden）

相连的双如意纹挂环形式，两个如意纹挂环表面分别着绿色和蓝色珐琅彩，二等第二、二等第三则都只是单如意纹挂环，着蓝色珐琅彩。与二等宝星配套的宝带长度和头等宝星的宝带相同，宝带底色为紫色，刺绣的双龙戏珠图案为黄色，其他式样和头等宝星的宝带相仿。

三等双龙宝星

三等双龙宝星的造型也是多瓣花牌式样，外缘最大直径是二寸五分，即7.9875厘米，宝星的正面通体施以绿色珐琅彩，勾蓝色饰边。主图部分的布局和二等宝星相似，位于宝星正面居中的圆形圈内。

三等宝星的图案中心是一枚寓意为龙珠的光面蓝宝石，三等第一宝星的龙珠周围衬有一圈红色火焰纹，三等第二、第三宝星则在宝石周围衬一圈蓝色饰线。宝石龙珠的外侧，一左一右是两条金色飞龙纹装饰。宝星主图案的上部，即蓝色宝石的上方，有竖排的汉字"御赐"二字铭文，主图区域的四个边角则是"双龙宝星"四个汉字铭文，排布的方式和二等宝星一致。

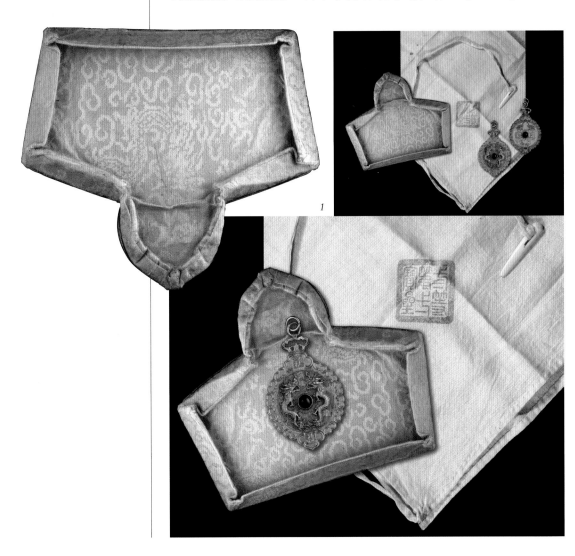

1

龙星初晖——清代宝星勋章图史

2..带有宝带的光绪七年
版三等第一双龙宝星。

3.光绪七年版三等第一双
龙宝星。（供图/Künker）

1.带有后期颈带的光绪七年版三等第一双龙宝星。

2.光绪七年版三等第二双龙宝星及宝带。

3.光绪七年版三等第二双龙宝星。（供图/Hermann Historica）

1

2

183

3

龙
星
初
晖
——
清
代
宝
星
勋
章
图
史

4.这枚光绪七年版三等第三双龙宝星做工较为简单。（供图/DNW）

5.一套带有原盒的光绪七年版三等第三双龙宝星，请注意盒子上的法文名称。（供图/Zeige）

6.光绪七年版三等第三双龙宝星及宝带，带有浓郁的中国风。（供图/Morton & Eden）

1.带有宝带的光绪七年版四等双龙宝星。（供图/Spink）

2.光绪七年版四等双龙宝星。（供图/Zeige）

在中心图案区域以外，即花瓣区域，三等第一宝星左右分列排布14个红色圆点状星徽装饰，三等第二和三等第三宝星左右分布排列12个空心圆点纹装饰。

除此，三等宝星的上下方有满文的"大清御赐三等"字样。三等第一和三等第三双龙宝星的上端缀有绿色珐琅彩的如意形挂环，三等第二则是蓝色珐琅彩的如意形挂环。

与三等双龙宝星相配的宝带为蓝色带，两端没有穗绦、铜钱纹等装饰。宝带的四周装饰回形纹，中间绣有红色的双龙戏珠（银色珠）纹，宝带的长短宽窄等尺寸和头等、二等双龙宝星的宝带一致。

四等双龙宝星

按照光绪七年版双龙宝星的等第设计，从第四等向下授予的对象是低级的士兵和普通平民，每等之内不再另外分级。宝星的造型也较前面的三等简洁了许多，类似于此前所出现过的金牌、银牌，就是简单的圆牌造型。

四等双龙宝星的直径是一寸九分，即6.0705厘米，正面以绿色珐琅彩饰底。宝星的外缘装饰一圈带有蓝色珐琅彩边框的回形纹，宝星中央镶嵌一颗青金石，衬以红色火焰纹装饰，青金石的左右分别是一条银色龙纹。在双银龙上方居中，有横排的汉字"御赐"铭文，双银龙的左右分别是竖排的"双龙"

3

4

3.光绪七年版五等双龙宝星。（供图/Baldwin's）

4.带有后期颈带的光绪七年版四等双龙宝星。

和"宝星"铭文。另外在青金石龙珠的上下，还有满文的"大清御赐四等"铭文。

四等双龙宝星的顶部缀有绿色珐琅彩的如意纹挂环，宝星所配的宝带明显比头、二、三等的低了一个等级，尺寸的相差较大，长度只有五寸，即15.975厘米，宽度为一寸一分，即3.5145厘米。宝带的底色为酱色，宝带上四周也环绕回形纹装饰，中央绣绿色的双龙戏珠纹。

五等双龙宝星

五等宝星为素面的银牌，没有饰彩，直径是一寸六分，即5.112厘米。宝星的边缘錾有一圈回形纹装饰，宝星中央居中镶嵌一颗砗磲珠，周围有星芒纹衬托。砗磲龙珠的左右，各有一条珐琅彩龙纹装饰。宝星上不用汉字铭文，而只在砗磲龙珠的上下方铭记满文的"大清御赐五等"字样。

五等宝星的挂环和四等宝星一样，也是在顶部缀有绿色珐琅彩如意纹挂环，与宝星配套的宝带和四等双龙宝星的宝带尺寸一样，宝带为月白色，周围装饰回形纹，中央绣蓝色的双龙戏珠纹。

由曾纪泽设计的光绪七年双龙宝星，是世界勋章史上非常特异的例子。曾纪泽并没有接受过专门的欧式纹章学训练，也没有专门的美术设计基础，完全是依靠着中国传统文化的修养，以及对当时西方国家勋章的认识，而整合出的一套特立独行的勋章。

就设计本身而言，光绪七年双龙宝星的造型极富中国特色，是其成功之处。但这一版宝星存在着一个巨大的设定缺陷，即无论是高等级的头、二、三等，还是低等级的四、五等，全部采取了领绶形式，即挂在领间佩戴。

同一时期，西方的高等级勋章，往往采用星章作为正章（Order），即一枚不加绶带配饰的大型星芒勋章，单独佩戴在胸前，除此外再配套设计有带着尺寸宽大绶带的大绶（Sash），乃至领绶章。因为星章形式寓意着属于高等级勋章，遇有正式场合，即以在胸前佩戴一枚光芒灿烂的星章为荣。然而光绪七年版双龙宝星的高等级章，仅有领绶章，并没有专门单独佩戴用的星章和绶章，如此只能佩戴领绶，事实上在形式上属于自降等级。不明白清王朝

1.英国驻华公使威妥玛，曾在国际上通用的威氏拼音就是他发明的。

勋章制度奥妙的外人眼中，往往容易对挂在领口的领绶章产生小视，并无法领会这种形式的章竟然是大清国的高等级勋章。而得到了清土朝高等级宝星的人士，因为这种宝星形式上缺乏正章，佩戴起来难以让人觉察这是高等级勋章，也往往会对拿大清国颁发的勋章怎么办产生困惑踯躅。

相反的情况则出现于光绪七年版的低等级宝星上。在当时的西方，低等级勋章通常不用领绶形式，而采取形式上更为简单的襟绶（Ribbon），即现代常见的挂章形式，用一小段绶带作为装饰，挂缀着勋章，依靠小绶带佩戴在胸前。然而光绪七年版双龙宝星中低等级的四、五等所用的也是领绶，实际佩戴时，会让不明就里的人觉得这可能属于某种较高等级的勋章。

对等级相差很大的不同勋章，使用一成不变的配绶形式，可以说是光绪七年版双龙宝星设计中最明显的失策，这或许与设计者曾纪泽本人当时对西式勋章形式的理解还没有做到足够熟悉有关，而这一问题很快也成了光绪七年版双龙宝星问世之后最先进行了修订的部分。

五、增补大绶

光绪七年双龙宝星制度一经清政府批准，总理衙门即据此首先制作颁发给此前请奖的外国使臣，主要包括德国驻华公使巴兰德（Max August Scipin von Brandt），英国驻华公使威妥玛（Thomas Francis Wade），法国驻华公使宝海（Albert Bourée），英国使馆翻译官禧在明（Walter Caine Hillier），法国使馆翻译官德微理亚（Jean Gabriel Deveria）、林椿（Paul Ristelhueber）等，是为新版宝星制度的首次运用。[①]

紧随其后，双龙宝星的颁发立刻推广开来。为了让建交的各国了解中国的宝星制度，按照曾纪泽厘定双龙宝星时的设计，1882年春天，由总理各国事务衙门指示，清政府驻外各使臣用外交照会的形式向所在国通报，将光绪七年版宝星章程的全文进行抄送。

当时中国向外国递交的照会、国书等外交文件，内容均为中文，又虑及防止各国翻译时发生歧误，总理衙门责成驻英法俄公使曾纪泽在法国组织将双龙宝星章程翻译成法文本，连同宝星的图式一起制版，于1882年在巴黎直接套色印刷出了非常精美的彩色本双龙宝星章程，追加照会发给各国政府，就此光绪七年版双龙宝

1

注①：
国家图书馆藏历史档案文献丛刊《总署奏底汇订》第2册，全国图书馆文献缩微复制中心2003年版，第734页。

2   3

星成了第一套由国家通过正式外交文件向外国宣介，在世界上广为人知的中国勋章。

在中国国内，光绪七年版双龙宝星属于清王朝正式谕旨颁行的第一套西式勋章，终于不用再半遮半掩，得以公行于世。有关双龙宝星的设计、颁发的新闻很快见诸报端，而采取石印、手工填色等方式出版的《宝星宝带式》，更使清王朝的第一种正式勋章得以直观地呈现在内外臣工和百姓大众们面前。

清王朝厘定宝星制度时，中国的外交上同时正在进行一桩邦交大事，光绪七年版双龙宝星的首次修订，与此事有着间接的关联。

远隔千山万水的南美洲国家巴西帝国为了吸引海外移民，在 19 世纪 70 年代末萌生了和中国建交，以及鼓励华人移民巴西的念头。1879 年，巴西驻英公使白乃多男爵和中国驻英公使曾纪泽接触，就两国建交事宜达成意向。此后 1880 年，巴西特使喀拉多（Eduardo Callado）、穆达（Artur Silveira da Mota）等一行乘坐巴西海军巡洋舰"维塔·德奥里维拉"号（Vital de Oliveira）抵达英国与曾纪泽会面，而后又取道来华，在天津和清政府委派的全权代表、北洋大臣李鸿章进行建交以及移民政策等谈判，几经辩论和增删约文，至 1881 年 9 月 23 日尘埃落定，中国和巴西在天津签订了平等互利的建交条约《中巴和好通商条约》，互相给予对方最惠国待遇。①

1882 年，中、巴两国政府批准、盖印的条约文本在中国互换，换约之

2.巴西帝国大十字级玫瑰勋章星章。

3.光绪年间印制的《宝星宝带式》。

注①：
《巴西条约修改重缮折》，《李鸿章全集》9，安徽教育出版社 2007 年版，第 473 页（G7-08-023）。

际，巴西政府表示将向参与中巴建交事务有功的中国官员李鸿章、曾纪泽分别授予巴西的玫瑰宝星（The Imperial Order of the Rose）。[①] 作为回应，正值新版双龙宝星章程颁定，总理衙门即按照新规授予巴西特使喀拉多、副使穆达、翻译李诗圃（Henrique Carlos Ribeiro Lisboa）、武官桑丹雅（Luiz Felipe de Saldanha da Gama）等新制的双龙宝星。遥远东方的龙徽宝星立即在巴西引起轰动，闻知此事的巴西外务大臣、前总理等纷纷通过不同途径向清政府表示渴望获得双龙宝星的迫切心情，清政府则一一如其所愿。

1882 年 4 月 17 日，巴西代理驻法公使到访中国使馆，向中国驻法公使曾纪泽颁发了造型十分秀丽的头等玫瑰宝星。事有凑巧的是，随后不久，获得中国双龙宝星勋章的巴西外交官喀拉多被派出使法国，和曾纪泽在巴黎的外交圈相会。一次外交场合中，喀拉多和曾纪泽两人闲谈，这位巴西外交官提起了关于中国双龙宝星的疑惑。

喀拉多当时所获得的是高等级的双龙宝星，即头等第三宝星。然而在其具体佩戴时，喀拉多发现中国的高等宝星居然没有配套的大绶带，仅仅只有领绶，出席外交、礼仪场合时，因为没有专用的大绶带衬托，很难体现自己是中国高等宝星获得者的特殊荣耀。为此，喀拉多询问曾纪泽中国双龙宝星的大绶带究竟是什么样式。言下之意，这位巴西外交官并不了解中国的双龙宝星当时并没有配套的大绶带，似乎是认为中方在颁发时有所遗漏。

根据后来曾纪泽在相关奏陈中所述，当听到这一问题时，曾纪泽完全是一派成竹在胸的姿态，因为在此之前，他已经注意到了这一问题，而且也已经向总理衙门汇报磋商，形成了处理方案。

据曾纪泽所说，在光绪七年双龙宝星制度成型后，他就已经注意到了欧洲国家的高等级宝星还会配有一种"斜络大带"，即大绶带。显然是对西方大绶的制度没有彻底弄清，曾纪泽认为这种大绶的用途只是作为获得高等勋章的一种显眼的标志，"西洋各国所赠宝星均以斜络大带为等第尊贵之据"。就此曾纪泽致信总理衙门，讨论中国的双龙宝星要不要增加这种"斜络大带"，总理衙门最后确定了处理方案。

面对巴西公使喀拉多的询问，曾纪泽于是就将总理衙门确定的双龙宝星斜络大带的方案向其详细告知，这一方案就是光绪七年版双龙宝星章程的最早增补内容。

根据曾纪泽的记述，光绪七年版双龙宝星之中的头等第一、第二、第三以及二等第一共 4 个高级宝星可以佩戴大绶带，具体的佩戴方式是大绶带从右肩斜披向左胁下，佩戴时将宝星缀在大绶带上，挂在左胁下的末端，"大带络于右肩，宝星垂于身左"。至于大绶带的样式，则比照相应等级的领绶图样，尺寸不作具体规定，"颜色、花纹仍照总理衙门原定小带之式，酌量展放合宜尺寸"，而且大绶并不作为宝星的必配属件，不随宝星发放，是谁想要的话就

注①：
《曾纪泽集》，岳麓书社 2005 年版，第 371 页。

自己想办法去按照适宜尺寸自制。[①]

　　从文字史料中无法得知巴西公使喀拉多得到上述回复后的心情，仅以百年后旁观者的视角来看，总理衙门对大绶的处理显然过于草率，甚至有流于儿戏之嫌，本质上仍并没有参透大绶的真正意义所在。

　　西方勋章规范中，配用大绶带的勋章和配用领绶的勋章是完全不同的体系。总理衙门意识到了高等级勋章应该采取大绶形式，但却没有对原有的领绶制度进行修改，而是采取保留原有领绶形式不变，另外新增了任由受勋者自制大绶带的敷衍应付措施，并没有从根本上解决光绪七年版双龙宝星制度所存在的问题。曾纪泽与总理衙门在 1882 年拟定的双龙宝星的大绶制度，只是一定程度弥补了光绪七年版双龙宝星所存在的缺乏大绶的问题。

　　不仅如此，总理衙门在确定双龙宝星的大绶形式时，竟然允许受勋者自行制作大绶带，而且没有就大绶带的质地、工艺、尺寸做出规定。宝星、绶带都是十分重要的国家荣誉象征，属于国之重器，批准外国人根据自己认为合宜的尺寸擅制中国的宝星绶带，无异于开启了一个恶例，从后来的实践看，不仅出现了西方人自制的双龙宝星大绶带，甚至于原有领绶的形式也有被擅自改变的情况，使中国双龙宝星的荣誉价值乃至清王朝的形象受到贬损。

六、血染宝星

　　光绪七年版双龙宝星正式颁行时，清王朝的内治外交渐有起色，宝星的颁发事由也趋于平和，不再像早期宝星那样多是因为战功而颁授，往往多是以联络邦交、和睦外国而颁发。

　　诸如 1881 年 2 月 27 日，德国世子威廉（Friedrich Wilhelm Viktor Albert von Hohenzollern）和奥古斯塔·维多利亚公主（Auguste Viktoria Friederike Luise Feodora Jenny）成婚，当时清政府只是致电道贺。到了 1882 年双龙宝星制度颁行后，时任中国驻德公使李凤苞重提此事，认为德国国王威廉一世已经老迈，世子威廉在不久的将来可能就会继承王位，为了巩固中德两国的友谊，遂通过总理衙门上奏申请，以补贺大婚之喜为名，给威廉补发双龙宝星，"补赏宝星系为日后裨益交涉起见"，于 1883 年 4 月 26 日上谕批准按照双龙宝星章程规定的等第秩序，颁发给头等第二宝星一面。[②]

　　除了由清王朝官员直接提起颁给的之外，还有很多外国使臣、官员主动申请的例子。曾经在明治维新时期创立虾夷共和国对抗明治政府的日本重臣榎本武扬于 1882 年 10 月 25 日出任驻华公使，1883 年 12 月 7 日回国。回国

注①：

JACAR(アジア歴史資料センター)Ref.B18010219800,外国勲章例規関係雑件 / 第一巻 (6.2.1.4)(外務省外交史料館).

注②：

国家图书馆藏历史档案文献丛刊《总署奏底汇订》第 2 册,全国图书馆文献缩微复制中心 2003 年版,第 731-732 页。《清实录》54，中华书局 1985 年版，第 264 页。

1.后来成为德皇的威廉二世也获得过双龙宝星。

1

在即时，对中国新颁行的双龙宝星心向往之的榎本武扬，眼见清政府似乎并没有要颁授宝星的迹象，自感直接向清政府申请宝星有失自尊，于是通过相熟的美国驻华公使杨约翰（John Russell Young）帮忙，由杨约翰致信总理衙门，称榎本武扬"于中国遇有公事，常思设法使两国睦谊倍敦"，建议清政府颁给双龙宝星。尽管榎本武扬在公使任上并没有突出表现，因为有美国驻华公使帮助说和，总理衙门认为干脆就授予其宝星，"藉此以示羁縻"，清廷遂在 1883 年 12 月 24 日上谕，授予二等第一双龙宝星。[①]

也就是在光绪七年版双龙宝星颁行使用的 19 世纪 80 年代，东亚世界貌

注①：

国家图书馆藏历史档案文献丛刊《总署奏底汇订》第 2 册，全国图书馆文献缩微复制中心 2003 年版，第 741 页。

似波澜不兴的海面之下，其实正酝酿着一场狂涛恶浪。和中国几乎同时步入近代化航道的日本，从明治维新开始就奉行"开拓万里波涛，布皇威于海外"的扩张性政策，将武力扩张视作是国家崛起的捷径，在"富国强兵"的口号下，暗藏着重新划定东亚政治版图的勃勃野心。处在日本近邻的中国以及朝鲜，被日本明治政府视作实现其扩张战略的第一步目标，经过积蓄实力、等待机会，日本终于在1894年挑起了入侵朝鲜、中国的战争，中国史称甲午战争。

兵备不修、政治腐败、近代化不彻底的清王朝，面对日本的入侵应对失措，落得惨败。不过在这场中国近代史上意义重大的战争中，一批外国人因为种种缘故直接、间接地加入战局，其中表现突出者受到了清政府颁授双龙宝星的奖赏，甲午战事为光绪七年版双龙宝星增添上了一抹悲壮的血色。

甲午战争中获得清政府授予双龙宝星勋章的外国人，按照受奖缘由的不同以及身份的不同大致可以分作下述的几类。

丰岛海战后帮助救援中国官兵的外国人

1894年7月25日，日本海军的"吉野""浪速""秋津洲"舰在朝鲜丰岛

2.佩戴二等第一双龙宝星星章的榎本武扬。

3.授予荷兰驻上海总领事路德维希·约翰·卡尔·奥博缪勒的光绪七年版二等第一双龙宝星。

海域不宣而战，偷袭中国军舰和运兵船，挑起了丰岛海战，甲午战争就此爆发。丰岛海战中，满载一千余名清军陆军的英国怡和洋行商船"高升"号被日舰野蛮击沉。

7月26日，法国海军中国·日本海支队的军舰"利安门"（Lion）从附近经过，发现了尚露出在海面上的"高升"号桅杆，从桅杆顶上以及附近漂流的舢板中，救援了42名中国士兵以及"高升"号的3名船员，送回烟台。

此外，当时有一批凫水脱险的清军和船员登上丰岛，经设法派人到仁川向驻泊港内的德国军舰"伊力达斯"（SMS Iltis）求援，"伊力达斯"舰于是立即驶往丰岛，救出了112名清军和8名船员，并帮助送至烟台。

德国军舰"伊力达斯"到达烟台时，与停泊烟台的英国军舰"播布斯"（HMS Porpoise）协商，请求英舰前往丰岛将岛上剩余的幸存者救回，"播布斯"于是起航前往丰岛，又救回了87名清军。

此事发生后，李鸿章深为感动，认为这些西方军舰"急难仗义，深可嘉尚"，于是通过总理衙门照会相关国家致谢，同时给予三舰的舰员以双龙宝星嘉奖。①

1.西方铜版画：丰岛海战中日本军舰击沉运兵船"高升"号。"高升"号的获救者大多由3艘西方军舰救起。

1

注①：

《请奖法德美［英］三国船主片》，《李鸿章全集》15，安徽教育出版社2007年版，第393页（G20-07-013）。

龙星初晖——清代宝星勋章图史

2

第二篇 双龙降生

091

3

宝星等级	受奖者
二等第三宝星	德国"伊力达斯"舰长宝琋森
	英国"播布斯"舰长斐理
	法国"利安门"舰长高格
三等第一宝星	德舰军官石文得、德实满尔、罗兰，军医美志格
三等第三宝星	德舰水手长葛那士、秘书博尔格汉
四等宝星	德舰士官马罗士格
五等宝星	德舰水兵包安、罗纳士、苏立士、安伯司达、安德、喜米德

龙星初晖——清代宝星勋章图史

为中国作战而受伤的西方人

丰岛海战之后，中日两国在 1894 年的 8 月 1 日互相正式宣战，随后的 9 月 17 日爆发了震惊中外的黄海大海战。甲午战争中为中国作战而受伤的西方人，基本出自这一战役，这些人员当时全都是在北洋海军中任职。

黄海海战时，在北洋海军参战各舰上的外籍雇员共有 8 人，分别是在旗舰"定远"上的总教习德国人汉纳根（Constantin von Hanneken），"定远"副管驾帮办英国人戴乐尔（William Ferdinand Tyler），"定远"总管轮帮办德国人阿璧成（J.Albrecht），"定远"炮弁英国人尼格路士（Thomas Nicholls）；在"镇远"舰上的"镇远"管带帮办美国人马吉芬（Philo Norton McGiffin）、炮务总管德国人哈卜们（A.Heckmann）；在"致远"舰的管轮洋员英国人余锡尔（Alexander Purvis）；在"济远"舰的管轮洋员德国人哈富门（Hoffmann）。

海战中，这批洋员大部表现奋勇，8 名之中伤亡者竟然多达 7 人，伤亡率之高令人咋舌。其中，"致远"舰上年仅 29 岁的洋员余锡尔与舰同沉，"定远"舰的炮术军官尼格路士中弹牺牲。总教习汉纳根和洋员戴乐尔在"定远"舰飞桥中弹时受伤，"定远"舰总管轮帮办阿璧成在"定远"舰舰首中弹起火后，奋勇率众赶往弹雨丛集的舰首抢险俄而受伤。"镇远"舰洋员马吉芬、哈卜们在主炮台附近受伤。仅剩下在"济远"舰上的洋员哈富门一人因为"济远"逃离战场而得以幸免。

战后，北洋大臣李鸿章通过总理衙门上奏。对于牺牲的两名洋员，向其家属一次性追发三年薪俸以示抚恤，对于受伤的 5 名洋员则分别授予双龙宝星。显示着光绪七年版宝星制度特点的是，拟定给予这些洋员的宝星等第时，并不以受伤、立功情况作为其应获宝星等第的凭据，而是根据他们的身份来区分。其中总教习洋员汉纳根职务最高，被授予二等第一宝星，其余戴乐尔、阿璧成、马吉芬、哈卜们 4 人均授予三等第一宝星，并赏戴花翎。[①]

帮助采买武备、参加军运的外国人

甲午战争中，海上运输是中方运输军队、弹药物资的主要途径，所主要依赖的是从轮船招商局调用的商船，以及北洋海军自有的一艘"利运"号运输舰，这件运输船只"征调频仍，前敌各军饷械全赖该轮船等冒险辗轳转运，俾无缺乏"，是甲午战争时清军重要的后勤支柱。这些船只的船长和高级船员全是西方人，1894 年 12 月 10 日李鸿章以奏片为这些西方人请奖，分别是"利运"船长英国人摩顿、"新裕"船长美国人毕利腾、"镇东"船长美国人温苏、"图南"船长英国人卢义、"海定"船长英国人士珠、"爱仁"船长英国人惟伯，各给予三等第一双龙宝星。[②]

注①：
《海战请奖恤西员片》《上谕》，《李鸿章全集》15，安徽教育出版社 2007 年版，第 467-468 页（G20-09-038）、469 页（G20-09-040）。

注②：
《管驾运船洋员请奖片》，《李鸿章全集》15，安徽教育出版社 2007 年版，第 517 页（G20-11-014）。

1.北洋海军总查德国人汉纳根。

2.黄海海战后洋员马吉芬的留影。

3.北洋海军洋员哈卜们黄海海战后在"镇远"舰上的留影。

2

3

此外，甲午战争中还有一批西方商人帮助中国购买运输武器装备。其中德国信义洋行经理满德和德国商人李德本就长期参与中国北洋海防进口军火的生意，和李鸿章的交往密切。甲午战争爆发后，身为德国信义洋行经理的满德亲自出马，把洋行的"爱仁"号商船提供出来帮助中国进行军运，自己甚至直接跟船照料，而且不收取运输费，显现出了对中国的偏向。另一位德国军火商李德，则在战争期间帮助中国军方搞到了一批大宗军械，将总数为一万枝的马提尼·亨利（Martini Henry）步枪装船，冒着被日本海军截夺的风险运到中国，而且不收取任何的运费、保险费。对这两位德国人有情有义的举动，李鸿章在1894年12月25日上奏请奖，随后清廷在28日准奏。满德此前曾被颁授过二等第三宝星，此次则奖励二等第一宝星；李德原来曾有三等第二宝星，对其奖励三等第一宝星。[①]

帮助救援中国伤兵的外国人

除了军人、商人，因为在甲午战争中帮助中国而受勋的另一个群体是外国医生。甲午战争中，清军因为缺乏西医，几乎没有像样的战地医疗，目睹此情，国际红十字会自发对中国施以援手，除了劝捐向中国免费提供大量药品和医疗器材外，一些参与国际红十字活动的西方医生、传教士先后在直隶天津、辽东牛庄和山东烟台开设了红十字医院，救助伤病的清军，停泊在牛庄的美国军舰"海燕"和英国军舰"火炬"也派出医生和护士支援红十字医院，仅牛庄一地的红十字医院救治的清军伤兵就达近千人之多，"该医士等亲奏刀圭，

注①：
《奖励洋商片》，《李鸿章全集》15，安徽教育出版社2007年版，第557页（G20-11-055）。

不遗余力。饮膳药资并皆出自会中。不取分文酬谢"。

这些外国医生、护士无私的举动，使中方官员深受感动。甲午战争结束后，直隶总督王文韶上奏为这些西方人请奖，于1896年2月9日准奏。有功人员中，男性均获得双龙宝星奖励，而参与救治中国伤兵的女医生、护士，则未发给宝星，而是分别授予刻有"乐善好施"四字的匾额。

宝星等级	受奖者
二等第三宝星	法国医官司里巴
	法国医官德博施
三等第一宝星	红十字会总董、奥国驻沪领事官哈斯
	天津红十字会绅董克慎生
	英国驻天津副领事、北洋头二等学堂总教习丁家立
三等第二宝星	美国医官阿布德
	英国医官伊尔文
三等第三宝星	天津英国医生法来沙、施米士、欧士敦、汤牲、詹米士、美国教士白关
	营口英国医生施德清、亭厘、白兰达、达来、边纳
	烟台医生杜司会
赐匾	洋妇安得生、美国女医生郝氏、边氏、红十字会女会长德氏

七、双龙钻石宝星

1895年5月8日，《马关条约》在山东烟台换约生效，中日甲午战争以清王朝的彻底失败告终，也标志着自19世纪60年代开始的以军事自强为主旨的洋务运动的失败。战败后的中国，在东亚的国际地位被日本取而代之，紧随而来的是如何尽快弥补战争创伤、恢复元气。

原本根据《马关条约》的规定，中国需要将台湾、澎湖列岛以及辽东半岛的一部割让给日本，然而对东北亚地区存在战略野心的俄罗斯早视中国东北为囊中之物，不愿看到日本侵占，于是在1895年5月联合对东亚有着利益野心的法国、德国一起，正式告诫日本，发起三国还辽。新崛起的日本面对欧洲三个强国的威逼，被迫放弃了对辽东的割占要求。此事之后，包括李鸿章在内的很多清王朝高层官员视沙俄为可靠盟友，亲俄成了甲午战争后清王朝的重要外交方略，围绕着光绪七年版双龙宝星而出现的最后改良，也就在这时发生。

1894年11月1日，俄罗斯沙皇亚历山大三世（Alexander III）去世，清政府派前驻俄公使、现任湖北布政使王之春作为特使，前往俄国吊唁，参加亚历山大的葬礼。王之春1895年初在俄国时，俄国政府赠予其一枚华丽无比的头等宝星，对此，中方因没有预备相应的礼物，场面显得稍有尴尬。

1.中国驻德、法、俄公使
许景澄。

事后，俄方官员私下向中国驻德、法、俄三国公使许景澄提醒，告知俄国将于1896年正式为新沙皇举行加冕仪式，希望中国派特使来致贺，同时特别提出了中方应该向新沙皇赠送宝星或者其他礼物，"明岁俄主加冕，中国致贺之礼宜备仪物或赠宝星"。因为赠给对方国君宝星事关国家礼仪，又经俄国方面向沙皇尼古拉二世（Nicholas II）汇报，尼古拉二世则表示对中国宝星非常期待，"中国如有赠宝星美意，极愿领受"。[1]

1895年秋季，许景澄就此事致信总理衙门汇报，因俄国沙皇将于1896年举行加冕，许景澄建议相应的宝星应当在1895年末、1896年初制作完毕。非常特别的是，许景澄在信中还格外向总理衙门提起了宝星的用料、设计。许景澄发现，此前俄国政府颁发给王之春的那枚宝星镶满了钻石，价值估计在5000银元以上，而中国的双龙宝星就算是头等的，也不过只是黄金质地而已，在价值上无法与之匹敌，"均用金地，无由表异"，为此许景澄认为"在我亦不必示之以俭"，应对双龙宝星做出增加其价值的改动，"格外加工，镂饰精巧"，宝星上镶嵌的珍珠则建议采用贵重的东珠。相应的宝星以及配套的金龙宝带在国内制作完成后，许景澄建议直接由邮路寄送到俄国即可。[2]

1895年11月30日，总理衙门据此上奏，在许景澄所说的宝星材质基础

注①：
《许文肃公遗稿》，1918年版，卷八第48页。

注②：
《许文肃公遗稿》，1918年版，卷八第48页。

上又做了增加，除了用上好的东珠外，总理衙门提议还要在宝星上加上钻石。清廷旋即下谕，命令相应的宝星直接由提出豪华版宝星设想的许景澄在国外负责订制。

之后的具体办理过程显示，许景澄成了继当年提出光绪七年宝星方案的曾纪泽之后，又一位直接介入到具体宝星工作中的外交官。

1895 年的岁末，俄国圣彼得堡一家首饰店迎来了一位出手阔绰的外国豪客。得到订制宝星谕旨的许景澄，按照光绪七年双龙宝星章程中头等第一宝星的图样，亲自摹绘放样，而后寻访到了首饰店，与设计师一起协商宝星上的用料和镶嵌装饰方法，并估算造价。经过讨论，这枚准备赠送给俄国沙皇的双龙宝星以钻石为底，也就是完全使用钻石构成，通过金丝联络而形成宝星造型（推测仍为长方牌状），不算边角小料，总计使用 278 颗钻石。宝星表面的双龙，用金丝在钻石底之上盘出龙形以及鳞甲轮廓，而后用蓝色珐琅填色，以符合光绪七年双龙宝星制度的规制。制作这枚特制豪华版的双龙宝星将要耗费三个月的时间，总计所用的钻石、金丝、珐琅以及相应的人工费用为 7020 卢布，约合近 7000 两银。

在核定了宝星的基本工艺、造价之后，另一项重要的工作是寻觅头等第一宝星上所需的那枚大珍珠。许景澄先后在圣彼得堡和柏林查访，所见的珍珠大都造型不正，"虽有大颗，率系椭圆、扁圆等形"，此后一名伦敦的珠宝商找到了一颗重 52.5 格林（3.4 克），"光净而正圆"的大珍珠，索价 13000 马克，许景澄再三商减，以 9000 马克的价格购得。

按照光绪七年版双龙宝星章程的设计，宝星均只配发领绶，高等级宝星如果需要换用大绶，则由受奖者自行制配。此次赠送给俄国沙皇的头等第一宝星需要配大绶，而且显然不能让俄国沙皇去自制，许景澄根据光绪七年版宝星图样上放大尺寸，先是委托在北京制作这条绶带，后来担心渤海湾冬季结冰，海运不通，寄送会发生延误，又另外在广东定做了一条金龙大带。

得知中方在圣彼得堡定做宝星，俄国外务大臣罗拔诺夫（Lobanov Rostowski）似有不快，称"中国工物精美，何以宝星在洋置办"，许景澄一面以中国不产钻石为由搪塞，一面则将自己从伦敦珠宝商出买到的大珍珠伪称是中国产，同时提醒总理衙门在与俄国办理交涉时不要将这一层说漏。[①]俄国对华多方需索，而清王朝官员一味应承的这一幕，恰好是当时中俄间不对称关系的真实写照。

八、章程改订

许景澄忙于筹办赠送给俄国沙皇的宝星同时，还在为总理衙门打探在德国

注① ：
《许文肃公遗稿》，1918 年版，卷九第 1 页。

订造铁甲舰、巡洋舰的方案和报价，以便尽快订造利器，恢复北洋水师昔日气象。

与此同时，因为俄、德、法三国成功干涉还辽，清政府决定对三国的外务大臣、驻华公使等相关官员授予宝星奖赏。期间德国方面对中国核定授予的宝星等第产生了疑问，驻德公使许景澄为此稽核制度，调查实际情况，指出了光绪七年版双龙宝星章程中的一处不符合外国国情的条款。

光绪七年版双龙宝星章程中，对头等第二宝星的授予对象规定为："头等第二给各国世子、亲王、宗亲、国戚等"。按照条文的本意，授予对象是地位仅次于各国君主的太子等皇族近支亲贵。

不过当时西方的皇族嫡系太子乃至旁支的"公、侯、伯、子、男"等封爵，往往对外都常称作 Prince（王子），中国翻译时不做区分，一概译为"亲王"，以至于颁发宝星时极容易造成给西方不同社会地位的人予以同样等第宝星的问题。又加之西方的封爵和中国有很大不同，如果不是有具体任官，纵使有爵位，也和常人无异，这更造成了问题的复杂性。

与此同时，头等第二宝星赐予对象中的"宗亲、国戚"范畴，在西方来说更不好界定，"未有确指，尚虑后来解说歧异，致逾限制"，许景澄也建议加以调整。

最终，许景澄汇总意见，总体上就是将封爵等身份从宝星等第的区分标准中剔除，主要以具体的职务身份为标准。

其中头等第二宝星的授予对象改为"专赠给各国世子并近支亲王""凡例袭王爵者不在此例"。头等第三宝星的授予对象原为"各国世爵大臣、总理、部院大臣、头等公使"，相应改为"各国总理、部院大臣、头等公使"。[①]

1896 年 5 月 3 日，总理衙门根据许景澄的这一意见上奏，称"近日邦交加密，颁赐宝星之案比旧增多，洋员职分崇卑不能不详悉查考，以免畸重畸轻之弊"，[②] 随即获准，并由驻外各公使馆将这一修订照会各国，成为光绪七年版双龙宝星制度继增加大绶之后的又一重要修订。

九、李鸿章的宝星之旅

1896 年时届俄国沙皇尼古拉二世加冕典礼，清政府原计划派参加亚历山大三世葬礼的王之春直接留在欧洲作为特使致贺，后决定改派李鸿章作为头等钦差大臣。3 月 28 日，李鸿章率李经方、李经述、于式枚、罗丰禄等随员，以及朝鲜特使闵泳焕等一行从上海乘坐法国邮轮出发，取海道前往俄国。

轮船途经香港、新加坡各口，由苏伊士运河进入地中海，再取道博斯普

注①：

《许文肃公遗稿》，1918 年版，卷八第 57-58 页。

注②：

《光绪朝东华录》，中华书局 1958 年版，第 3769-3770 页。

鲁斯海峡驶入黑海，1896年4月27日抵达俄罗斯港口城市敖德萨（Odessa）。李鸿章一行登岸时，俄国方面举行了盛大的欢迎仪式，"俄兵列队护送，导以中俄旗帜，佐以亚欧音乐""码头左右，升旗挂彩，色色鲜明。使节既到，即由俄国光禄寺官致送馒首及盐"。由俄国开始，李鸿章对欧美各国进行了长达数月的访问考察，期间宾主之间都以宝星、勋章作为主要的相赠礼物，使得李鸿章的欧美之行成了一趟始终有宝星相伴的奇特经历。

在敖德萨上岸后，李鸿章一行乘坐专列于4月30日抵达圣彼得堡。5月4日，李鸿章乘坐沙皇派出的金马车前往红村行宫觐见，沙皇尼古拉二世和皇后接见，李鸿章呈递国书后，将中国政府准备的致贺礼物赠上，并致贺词"代大皇帝申谢俄皇拒日夺辽之美意，敬贺加冕上仪，更愿永敦辑睦"。李鸿章呈送的礼物中，由许景澄在圣彼得堡定做的那枚头等第一双龙宝星最为夺目，略为可惜的是，由于对宝星制度的理解不足，这枚耗资万两白银制作的宝星只是佩在大绶带上的挂章，而并不是单独佩于胸前的大宝星，并不方便和其他勋章同时佩戴，在沙皇尼古拉二世的很多历史照片上，都难以寻觅到这枚特殊的双龙宝星。①

1.沙皇尼古拉二世是唯一一枚钻石双龙宝星的获得者。

2.沙皇俄国圣叶卡捷琳娜勋章绶章。

注①：
《李鸿章历聘欧美记》，岳麓书社1986年版，第46页。

1. 1896年李鸿章乘坐火车抵达德国后的留影。

2. 李鸿章出访德国时曾大量授予德国政要和将领双龙宝星。照片中至少有五名德国军官佩戴有双龙宝星。

3. 李鸿章访俄期间授予俄国友好人士的功牌。

4. 普鲁士王国大十字级红鹰勋章。

　　5月26日参加完在莫斯科举行的加冕大典后，李鸿章辞行赴德。作为对中国来贺的回礼，沙皇于次年派特使赴北京，回赠了价值40万两银的国礼，其中最为耀眼的也是一枚宝星，即尼古拉二世赠送给慈禧太后的圣叶卡捷琳娜勋章（Императорский Орден Святой Екатерины），同样属于价值连城的钻石宝星。

　　1896年6月13日，李鸿章一行乘坐火车到达德国柏林，驻德公使许景澄与德国文武官员，以及汉纳根、德璀琳等曾在李鸿章麾下服务过的德国人到车站欢迎。14日，李鸿章觐见德皇威廉二世，旋即获颁大十字级红鹰勋章（Roter Adler-Orden）。①

　　7月4日，李鸿章一行结束了在德国的考察访问，进入荷兰境内。7月6日荷兰摄政王和女王威廉敏娜（Wilhelmina）在王宫接见李鸿章，授予大十字级奥伦治 – 拿骚勋章（Orde van Oranje-Nassau）。②

　　此后李鸿章一行又游历了比利时、法国，于8月2日从勒阿弗尔（Le Havre）乘坐法国政府雇佣的大西洋公司专船渡过英吉利海峡，抵达英国南安普顿（Southampton），到访当时世界最强大的国家。8月6日，维多利亚女王在阿斯本行宫接见李鸿章，并授予刚刚设立未久的维多利亚勋章（Royal

1

注①
《李鸿章历聘欧美记》，岳麓书社1986年版，第72页.

注②：
《李鸿章历聘欧美记》，岳麓书社1986年版，第77页.

2

3

4

1.李鸿章与德国首相俾斯麦的合影，照片中李鸿章胸前佩戴的是德国赠送的红鹰大十字勋章。

2.李鸿章访德期间赠送给克房伯公司经理的签名照片。

3.李鸿章访欧期间，法国《小日报》头版刊出的李鸿章画像。画上的李鸿章一脸肃穆，身穿黄马褂，佩戴着异常华丽的嵌钻石版的大十字级红鹰勋章。

4.访欧期间李鸿章用作赠礼的签名照片。

5.荷兰王国大十字级奥兰治-拿骚勋章。

6.李鸿章访英期间授予英国友好人士的功牌。

1.英国王家维多利亚
勋章。

2.佩戴英国王家维多利亚
勋章的李鸿章。

Victorian Order)。

　　1896 年 8 月 22 日，李鸿章一行重新回到英国南安普顿，登上"圣路易"
号邮轮，临行之时李鸿章发表深情款款的致辞，对英伦之行的无限感触溢于
言表："云水苍茫中偶一回思，尤觉悬诸心目，况蒙临歧话别，情深于沧海千
寻哉"。①

　　近一周之后，"圣路易"轮跨过大西洋到达美国纽约，纽约港各炮台鸣礼
炮致敬，李鸿章一行登岸时，"空巷出观之士女，既如荼如火，复如霓如云"。
李鸿章当天下榻纽约华尔道夫酒店（Waldorf Astoria Hotel），而后即开始在美
国的访问、考察，最后在 9 月 5 日乘坐火车进入加拿大，按计划取道加拿大回国。
在加拿大境内，"每到一车站，地方官吏道左承迎，恐后争先，皆以一见丰裁
为幸"。

注①：
《李鸿章历聘欧美记》，岳麓书社 1986 年版，第 154 页。

　　火车经停加拿大的温尼伯（Winnipeg）时，李鸿章收到英国加拿大总督汉密尔顿（John Campbell Hamilton-Gordon）发来的电报，总督向其通报，英国政府以"奉使远来，善全交谊"，决定再授予李鸿章一枚宝星，而这枚宝星竟然就是著名的印度星勋章（The Most Exalted Order of the Star of India）。[①]

　　仿佛是命运巨轮的刻意安排，1863年因印度星勋章的影响而创名的中国宝星，在经历了30余年的发展后，其最初创始人之一的李鸿章竟然与印度星勋章正面相会，谱就了一段佳话。而此时，原本仅有宝星之名，而形式上并没有星芒之实的中国双龙宝星，事实上已经揭开了又一场改良的大幕。

　　1896年9月14日，加拿大温哥华港人头攒动，李鸿章在此结束欧美之旅登船回国。

3.此幅照片应是李鸿章刚刚获颁英国王家维多利亚勋章之后拍摄，他佩戴了全套勋章。其长子李经方也佩戴有勋章。

4.1896年9月1日，美国华盛顿街头张灯结彩欢迎李鸿章时的情景。

5.铜版画，表现的是李鸿章访问英国期间，英国皇家海军专门为李鸿章举行的阅舰式。

注①：
《李鸿章历聘欧美记》，岳麓书社1986年版，第209页。

光芒森射

第三篇

1.原盒装的光绪七年版头等第二双龙宝星及星章。（供图/SBP）

2.1896年回国后摄于北京的李鸿章照片。

一、星芒

出使宣恩榜，皇仁许奉扬；星轺标风节，天路荷龙光。
紫气薇垣蔼，青云柳陌长；三台分灿烂，四牡竞腾骧。
旌旆飞金垺，烟霞拥锦坊；南车开丽景，北斗射寒芒。
载道珠躔接，程材玉尺量；归邀温语奖，奎藻焕当阳。

——李鸿章：《出使星轺满路光》

　　李鸿章一行由加拿大温哥华搭乘日本航线邮轮归国，首先到达日本横滨，再换乘上轮船招商局的"广利"号商船，于 1896 年的 10 月 3 日平安抵达天津，结束了万里出使的不平凡旅程。

　　出访欧美途中，李鸿章除获得了多个国家赠予的勋章外，因"沿途应差、迎送文武员弁及内外部各员，均以得蒙中国颁赏宝星为荣"，[1] 作为礼节性的回报，李鸿章也向一批外国的官弁、士绅颁赠了中国的双龙宝星。

　　按宝星制度当时的办理方法，每当遇到有需要颁发宝星的事件时，先要以专案汇报给总理衙门，经总理衙门奏请获准之后，才能开始着手制作、颁发，每座宝星事实上都属于是"量身定制"，因而并不会提前有大量预制备用的宝星实物，都是随着奏请获准而专门制作。李鸿章出使前，无法预知行中

注①：
《洋员请赏给宝星片》，《李鸿章全集》16，安徽教育出版社 2007 年版，第 85 页（G22-10-001）。

将要颁发多少数量和什么等级的宝星，所以并没有预制携带备用，而在外颁奖情况非常特殊，如果仍按照常规的办理流程，为此上报总理衙门上奏，等到奏请获准，再从中国国内制作好递送到欧洲颁发，过于耗费时日，时过境迁，颁赠的本意就消失殆尽，于是当时李鸿章采取了就近在欧洲定做的变通办法，事后再向总理衙门汇报、申领颁发宝星的执照，"汇咨总理衙门核填执照"。

根据相关史料记载显示，李鸿章当时起码先后在俄国、德国、荷兰、比利时、法国、英国等国颁发过双龙宝星，其中在英国颁发的数量记录较为明确，共包括头等第三两座、二等第一和第二共三座、三等第一和第三共六座。后来离开欧洲访问新大陆时，在美国、加拿大也曾颁发过双龙宝星，但这一阶段的颁授情况尚缺更详细的资料记述。

以目前所知的这一阶段产生的存世宝星实物来看，李鸿章访问欧美期间就近颁发的双龙宝星，主要是在德国、俄罗斯等国的珠宝、首饰制造商处订制，其中多有十分著名的勋章制造名家，诸如承制德国本国勋章的柏林戈德特父子公司（J.Godet&Sohn）等。由于这些订单较为分散，承接的商家不一，由此也造成了李鸿章在欧美订制、颁赠的宝星款式千差万别，极具研究的趣味性，为现代的勋章研究者、爱好者提供了一个极富挑战性的考据课题。

李鸿章在欧美订制、颁赠的双龙宝星，其基础仍然是遵循光绪七年版双龙宝星的设计图样，只是各家欧洲制造商凭着各自的艺术理解、工艺能力以及制作类似勋章的习惯，在龙形、铭文等装饰元素的表现手法上，多有自我的独特

3. 由英国威廉·吉布森和约翰·朗曼金银器公司（William Gibson and John Langman of the Goldsmiths & Silversmiths Company）制造的一枚光绪七年版加星芒头等第三双龙宝星。请注意背面别杆上的"WG JL"厂铭。（供图/SBP）

3

1.德国顶级的勋章制造商戈德特父子公司也制作过质量上乘的双龙宝星。

2.柏林戈德特公司生产的光绪七年版加星芒三等第二双龙宝星，为醇亲王载沣1901年赴德为庚子德国驻北京公使克林德被杀一事进行道歉期间定做。（供图/Eden & Morton）

1

2

发挥。更特殊的是，光绪七年版双龙宝星原本采取的主要是领绶式和部分大绶式，而在欧洲要凭着宝星图说上描画的绶带样式，刺绣出精美的飞龙戏珠图样，不仅所用的绶带、金丝等材料不易制备，且工期漫长，对绣工手艺要求高，其制作是西方人难以应对的挑战。1895 年末驻德、法、俄公使许景澄准备赠送沙皇的宝星时，之所以在圣彼得堡定做宝星，而相应的绶带却仍然大费周章地在中国国内定做，就是感受到了在欧洲定做宝带的重重困难。

对此难题，可能是相应的制造商和李鸿章使团进行了讨论沟通，最后在欧

3

4

3.柏林戈德特公司生产的光绪七年版加星二等第二双龙宝星。（供图/Künker）

4.佩戴三等双龙宝星的一名德军军官。

龙星初晖——清代宝星勋章图史

1 由俄罗斯圣彼得堡珠宝商费多尔·鲁克特生产的光绪七年版加星芒二等第二双龙宝星。（供图/eMedals）

2. 另一枚由该厂生产的光绪七年版加星芒二等第二双龙宝星。（供图/Morton & Eden）

美颁赠的双龙宝星几乎全部改变了形式，不采用领绶、大绶式，而是改成了可以直接佩戴在胸前的大宝星式样。为了烘托出双龙宝星所应具有的"宝星"特质，承制商以光绪七年版双龙宝星的造型和图案为基础，在外缘增加出和当时欧洲宝星相似的星芒装饰。这种增加星芒，将宝星改制为佩戴式的临时调整方案，经李鸿章上奏后获准。[①] 具体制作时根据制造商的不同，有四角星、八角星等多种造型（按现存实物，加上星芒后的直径通常在8至9厘米以上），[②] 星芒的细节形式也有多种变化（按现存实物，有一根根线条辐射状排列的形式，也有将星芒表面刻画成一个个犹如钻石一般的菱形小格造型），总体呈现出的形象，恰如从光绪七年宝星向外散发出光芒一般，较正规的光绪七年双龙宝星更为华贵，也更符合西方人的审美和勋章佩戴习惯。

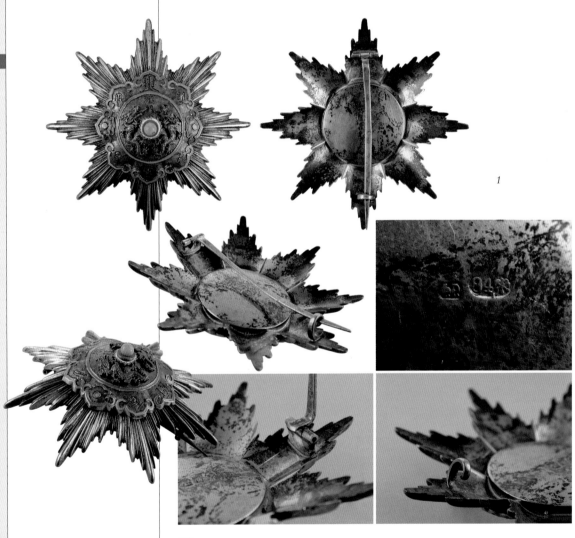

1

注①：
《总署奏详定宝星章程》，《驻德使馆档案钞》底稿。

注②：
Gavin Goh：The Order of the Double Dragon，2012，P27.

3.由该厂生产的光绪七年版加星芒二等第一双龙宝星。（供图/Schuler）

4.由俄罗斯珠宝商博格丹诺夫生产的光绪七年版加星芒二等第三双龙宝星。（供图/Spink）

5.费多尔·鲁克特生产的光绪七年版加星芒三等第一双龙宝星。请注意这枚是四角星。（供图/Кабинет）

龙星初晖——清代宝星勋章图史

1.授予德璀琳的光绪七年版加星芒二等第一双龙宝星。德璀琳是英籍德国人，曾长期供职中国海关，并参与晚清中国重大外交活动，开启了近代中国邮政事业。中国第一套邮票"大龙邮票"就是其发行的。

诞生于 1863 年的宝星，至此终于有了名实相符的"星"之气象，尽管这还只是临时性的变通改造。

1896 年 10 月 8 日，时任北洋大臣、直隶总督王文韶在天津紫竹林海防公所设宴为李鸿章接风洗尘。而后李鸿章在天津休息、盘桓了数日，于 10 月 17 日抵达北京接受慈禧太后、光绪皇帝的召见，旋即在 10 月 24 日被任命至总理衙门行走当值，留在北京当起了总理衙门大臣。① 曾长期担任过直隶总督、北洋大臣，又出使过欧美各国的李鸿章，无论是实际的行政工作经验还是世界眼光，乃至任事的责任心，都明显超出当时在总理衙门同任的其他大臣。上任伊始，年已老迈的李鸿章却任事谨严，成了总理衙门内一员长袖善舞、风风火火的干将，"各国外部皆一人主持，中国八、九辈多不办事……余若停数日不到署，应画稿件、应发文电无人过问"。② 在办理各种涉外工作时，有关修改宝星的设想在李鸿章脑中渐渐萌生，出访欧美期间对宝星、勋章的运用所获得的印象，以及在双龙宝星基础上增加光芒的实践工作，都使李鸿章产生了要去修订传统宝星的想法，恰好宝星事务又正是总理衙门大臣的本管工作，处理起来更是顺理成章。

注①：

《李鸿章历聘欧美记》，岳麓书社 1986 年版，第 210 页。

注②：

《李鸿章致张佩纶、李经埚》，《李鸿章张佩纶往来信札》，上海人民出版社 2018 年版，第 625 页。

1897年3月13日，总理衙门就修订宝星一事上奏清廷。这份在清代宝星历史中非常著名的奏折里，有一个小小的细节长久以来未被引起足够的注意。细读这份奏折，从其中的措辞、行文的语气笔法，不难看出这份奏折实际上就是由时任总理衙门大臣李鸿章本人主稿的，[①] 大致可以确认是李鸿章正式提起了宝星的修订一事。

奏折的首段，开宗明义地指出光绪七年版宝星形式设计上存在着两项明显弊端："近日邦交益密，往来赠答事类繁多，上而列国君主之周旋，下及贵戚臣工之颁赐，典仪所在，意贵精详。宝星取象列星，外国制造多为光芒森射之形，以显明而彰华贵，中国旧式方且重，与内地功牌相近，外人往往以艰于佩用，似无以达彼向风拜宠之忱"。[见附录1：总署奏改定宝星式样请旨遵行折（附章程）] 其内容一是指出光绪七年版宝星的造型有问题，并没有具备真正的"宝星"形式，另一处则是指出光绪七年版宝星所存在的佩戴不方便等问题。[②]

将问题逐一指明道出之后，奏折中随即举出了关于解决之道的建议。奏折以李鸿章出使欧美时对宝星加以改造的实例为据，"臣李鸿章奉使欧洲，于请旨颁给洋员宝星案内，曾将应行厘定情形附片陈明在案"，对宝星的形式改革提出了一连串意见，总的思路方向基本依循了在访欧期间出现的修改双龙宝星的模式，对光绪七年版双龙宝星原本划定的等级、基本设计元素等都不做变动，而只是在宝星的形式上加以修改，诸如增加星芒装饰，使其显得更为精美，同时取消绶带上原有的绣龙装饰，以便于制作，"参酌欧洲各大国通行式样，加

2.清政府驻德公使馆档案中抄录的李鸿章厘定宝星的上奏。

3.授予英国驻华使节马格里（Halliday Macartney）的勋赏，其中包括二等第一双龙宝星。请注意两种类型双龙星的区别，可以看出原来的双龙宝星星体形较大，其尺寸比加上星章之后的过渡版本还大。此外，马格里获颁的勋赏还包括英国授予的第二次中国战争奖章（右下），这多少有点讽刺意味。

注①：
《光绪朝东华录》，中华书局1958年版，第3941页。

注②：
《总署奏详定宝星章程》，《驻德使馆档案钞》底稿。

以星芒改制，精工铸造""大小佩带均无庸加绣龙形"。

尤为重要的是，这份上奏里还就如何具体安排新式宝星的制作工作进行了说明，计划从中外通商繁盛的天津、上海两地选取一些手艺精湛的匠人，制作出专门的银模具，采用铸造法来制作宝星，从而保证宝星的工艺精美。[①]

随这份奏折，李鸿章还附录了经总理衙门大臣们集体讨论通过的新式宝星方案和描画的宝星图式。奏上的当天就获得了光绪帝的批准，朱批："依议，图留中，钦此"，这次以形式修改为主的宝星修改方案正式得以颁行生效。

二、革新

清王朝 1897 年 3 月 13 日以上谕批准颁行新的双龙宝星章程，以颁行的年份作为标志，基于这部章程而诞生的全新宝星可以称作是 1897 年版双龙宝星，或者采用当时清王朝的纪年，称之为光绪二十三年版双龙宝星，现代收藏界则习惯称这一种宝星为第二版双龙宝星。在此之前，李鸿章出访欧美时出现过的加星芒的双龙宝星，或可称作光绪七年版双龙宝星的改制型，也可算作是一种过渡阶段的试制品。

按照新的章程规范，光绪二十三年版双龙宝星的等第、制度等和光绪七年版都没有太大的区别，最根本的变化就是宝星本身的形式，从头等至五等，外形上全部进行了脱胎换骨一般的大调整。

光绪二十三年版双龙宝星图样（制图/巴超）

等级	图样
头等第一	

注①：
《总署奏详定宝星章程》，《驻德使馆档案钞》底稿.

头等第二	
头等第三	
二等第一	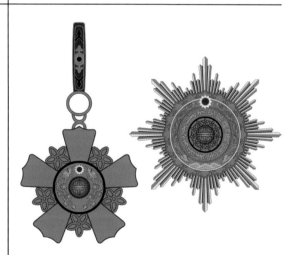

二等第二	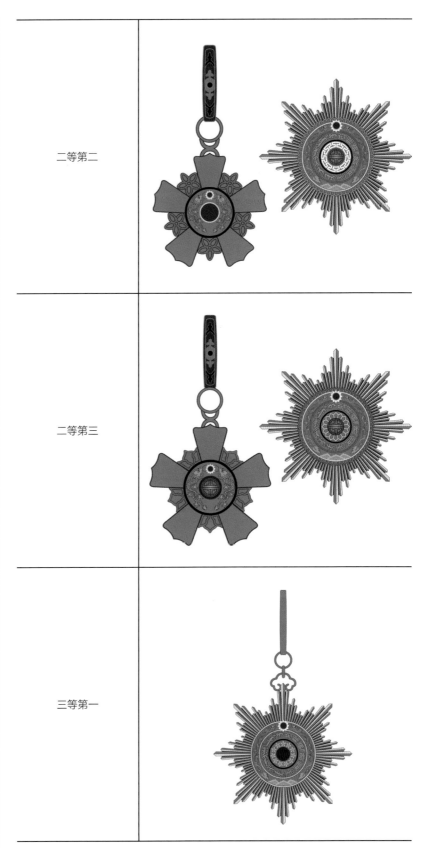
二等第三	
三等第一	

三等第二	
三等第三	
四等	

1.作为清代皇家纹饰的团龙纹。

五等

头等第一宝星

　　按照昔年曾纪泽、总理衙门对光绪七年版宝星所作的修订，双龙宝星中的头等第一至二等第三为高等级宝星，可以采用大绶形式。光绪二十三年版宝星对这一旧制进行了沿用，并进一步加以调整发展，彻底取消了高等级宝星的领绶设计，而正式代之以大绶。同时，高等级宝星不仅有挂在大绶上佩戴的副宝星（即现代勋章学意义上的绶章），更有佩在胸前的大宝星，即正章，当时也称为"正星"（即星章）。

　　头等双龙宝星的大宝星采用赤金材质，形式上可以分作位于宝星外围的星芒和处于中央的圆形主图区域两个部分，工艺上采取的是立体感较强的分片式。头等双龙宝星整体直径约9.8厘米，其星芒造型和李鸿章访问欧美时订制的一些双龙宝星非常相似——为八角星，长短不一的星芒线条整齐排列，呈辐射状向外展开，犹如从宝星中心向外放射的道道光芒，且八角星本身的造型又暗合了中国传统的"洛书"图案，这一设计无论从形式还是寓意上品味，都可谓是十分成功的经典例子。

　　头等中的最高级——头等第一的大宝星中

1

央主图部分内，居中是一条绿色珐琅的团龙纹，类似清王朝机制币上出现的团龙。团龙上点缀的珐琅彩极为精致，特意在龙身上留出星星点点的金色，示意为闪耀的鳞甲。团龙环抱之中，在整个宝星的正中心镶嵌一颗小型的珍珠，寓意为龙珠。

在团龙纹之外，宝星主图部分的装饰分为三个环形层次。团龙纹之外的第一层，环绕着汉、满两种文字的阳铸铭文，其内容则非常特别，写作"龙珠宝星"，而并不是双龙宝星，也由此在清末的一些官方公文中，曾有称头等第一宝星为"珍珠宝星"的情况。铭文之外的第二层，环绕着双龙戏珠纹，两条绿珐琅、起金色鳞甲的龙纹分列左右，上方龙首相向之处居中镶嵌着头等第一宝星上标志性的珠宝，即一颗大珍珠，下方龙尾相对之处则刻画了珐琅绿的海水江崖纹饰。从双龙戏珠纹再向外，是宝星主图部分的外缘装饰，则镶嵌了一整圈的小珍珠，从存世实物看，所用的是清代帝王服饰、用具上经常出现的很细小的如米粒般的米珠。

与佩戴在胸前的大宝星配套，光绪二十三年版的头等第一宝星附设了一座专门的副宝星，颁授时和大宝星一起授予。副宝星也是赤金材质，其造型也分为主图和外圈的星芒两个部分，副宝星的直径约为5.3至5.5厘米，其星芒采取了非常漂亮的六瓣莲花式，造型吉祥庄严，中心主图部分是外轮廓带有六角星芒的圆形区域，内容则相当于是大宝星的缩写，中央是团龙纹，居中镶嵌一颗中号珍珠，主图的外缘则镶嵌一整圈小珍珠。由于副宝星的佩戴形式是挂在大绶上使用，副宝星上连缀有专门的挂环，挂环表面装饰着漂亮的绿色如意纹珐琅彩。

头等第一大宝星所用的宝带是斜披佩戴的大绶带，也就是曾纪泽等此前所说的斜络大带，颜色为金红色，即赤金色，宝带表面不再附加任何绣饰和穗饰。佩戴时，将副宝星挂在宝带的末端，具体的佩戴方法和光绪七年宝星章程中补充的斜络大带一样，即从右肩斜披向左肋下。

头等第二宝星

头等第二双龙宝星的总体造型和头等第一相似，大宝星、副宝星的主体都是使用赤金铸造。

头等第二大宝星衬托八角星芒，中央的主图部分为圆形，外轮廓装饰由8个云头纹（云头纹边缘施绿色珐琅彩）连缀环绕组成的图案，宝星居中镶嵌一颗圆形的光面大红珊瑚，大红珊瑚外由一圈小珍珠衬托。由此再向

第三篇　光芒森射

121

龙星初晖——清代宝星勋章图史

1.光绪二十三年版二等
第一双龙宝星。（供图/
Hermann Historica）

2.带有绶带的光绪二十三
年版二等第三双龙宝星
绶章。

外，环绕满、汉两种文字的"双龙宝星"铭文。铭文之外是珐琅绿起金鳞的双龙戏珠纹，形式大致和头等第一相同，唯有双龙相向之处的龙珠改用一颗小红珊瑚来体现。

头等第二的副宝星也与头等第一的相仿，中心部分的图案改为双龙戏珠，居中镶嵌一颗中号光面红珊瑚，左右饰以两条起金鳞的绿珐琅彩龙，龙首相对处点缀一颗小的光面红珊瑚。头等第二副宝星所配的大绶带是大红色，也没有任何的绣饰。

头等第三宝星

头等第三双龙宝星的形式基本与头等第二相同，主要的区别在于大宝星上的装饰。宝星居中的红珊瑚外侧没有珍珠衬托，代之以一圈绿色珐琅彩的花环形装饰，宝星的铭文内容变化为满、汉两种文字的"御赐双龙宝星"，从头等

1

第三开始各等级宝星的铭文里都多出了"御赐"二字，另外头等第三在大宝星主图外缘的 8 个云头纹内，各镶嵌一颗珍珠，是用以进行区分的最好外观特征。

其他诸如副宝星、宝带等，均与头等第二宝星的形式基本一致。

二等第一宝星

二等双龙宝星的大宝星造型和头等相似，只是星芒部分改成了银制，颜色明显不同，这是外观上与金光灿灿的头等宝星的最明显区别。

二等的大宝星总体直径约为 9.2 至 9.4 厘米，其中二等第一大宝星的主图区域为金制底，居中镶嵌一颗表面有刻花的大号红珊瑚，外围衬托一圈绿色珐琅彩的花环装饰。在此之外，环绕一圈满汉两种文字的铭文"御赐双龙宝星"，铭文的外围是双龙戏珠纹，双龙为金本色，表面不施珐琅彩，錾出星星点点的龙鳞细节，双龙所对的龙珠为小号的光面红珊瑚。

3.光绪二十三年版头等第三双龙宝星。

4.俄国制造的光绪二十三年版二等第一双龙星章。（供图/Morton & Eden）

5.奥地利生产的光绪二十三年版二等第一双龙星章。

1

1.光绪二十三年版二等
第二双龙宝星。

2.光绪二十三年版三等
第一双龙宝星。

　　二等第一的副宝星为金制，直径约为 4.5 至 4.8 厘米，造型上是五瓣莲花式，比头等宝星少了一片花瓣，排列显得疏松，为此莲花瓣之间的空隙中各增加装饰一朵小的五瓣珐琅彩花。副宝星的居中部分，镶嵌一颗中号刻花红珊瑚，左右是起鳞金龙纹，上方镶嵌一颗小的红珊瑚，所配套的大绶带为紫色。

二等第二宝星

　　二等第二双龙宝星的总体设计以及尺寸等，与二等第一非常相似，二者的主要区别特征是在大宝星上的一些细节之处。

　　二等第二大宝星居中的刻花珊瑚之外，衬托的是一圈饰有珐琅绿色的回形纹，与二等第一上的相同部位差异明显。另外二等第二大宝星上的双龙纹为光面金龙，即龙纹表面没有点錾出鳞甲细节。与之类似，副宝星上的双龙也是金光龙。除了上述之外，其他各种设计则和二等第一基本相同。

2

二等第三宝星

　　二等第三宝星是光绪二十三年版双龙宝星体系中最后一级配用大绶的高等级宝星，其大宝星也是采取银星芒，中央主图区域为金质，和上两种二等宝星的主要区别是大宝星上的双龙为起鳞的银质龙。相应的副宝星上的双龙也是起鳞银龙。

3.光绪二十三年版二等第三双龙宝星。

4.改为转轮佩戴的光绪二十三年版三等第一双龙宝星。

5.光绪二十三年版三等第二双龙宝星。

3

三等第一宝星

　　光绪二十三年版双龙宝星自三等开始全部为领绶式，只配发一枚领绶章，不再有大宝星、副宝星的分别。

　　三等宝星总体上的直径相同，约为8.2至8.5厘米左右。三等第一宝星带有银制八角星芒，中央主图区域为蓝色珐琅底，居中镶嵌一颗大号的蓝宝石，蓝宝石之外环绕一圈由珐琅彩5瓣花组成的花环形装饰，花环之外环绕着满、汉两种文字的铭文"御赐双龙宝星"，再外侧则环绕双龙戏珠纹，龙纹为金龙无鳞，龙首相对处镶嵌一颗小号红珊瑚，龙尾相对处也有海水江崖图案。

　　因为是领绶式的宝星，三等第一宝星的上部连缀有云头形的挂环，配用蓝色镶白边的领绶，佩戴时将宝星挂在领绶上，系于领间。

三等第二宝星

　　三等第二宝星总体上的造型和三等第一相仿，主要的区别是中央蓝宝石外围的装饰纹路以及双龙纹的细节，蓝宝石外围环绕的是回形纹图案，其双

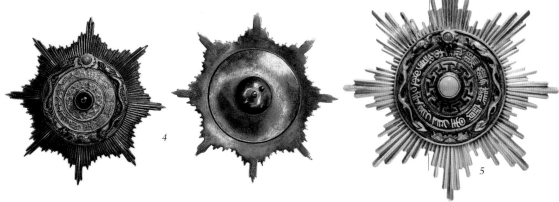

4

5

龙纹则是刻有点点鳞甲的起鳞银龙。

三等第三宝星

三等第三宝星的识别特征依然是在龙珠外围装饰和双龙的细节，三等第三宝星中央的蓝宝石外围环绕的是一圈施有珐琅彩的菱形花纹，双龙则是没有刻画鳞甲的银光龙。

四等双龙宝星

从四等开始，进入了双龙宝星体系中的低等宝星，宝星的造型和头、二、三等有十分明显的区别。

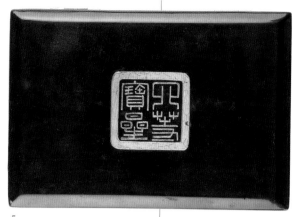

4

5

　　四等宝星的中央主图区仍然是圆形，但外围则没有了放射状的星芒，代之以 8 大 8 小共 16 个棱角构成的独特小星芒式样，宝星的直径约为 6.6 至 6.8 厘米。

　　四等宝星的材质为银，表面施以蓝色珐琅彩，居中镶嵌一枚大号青金石，青金石的左右环绕光面的银双龙纹，龙首相对处镶嵌一颗小红珊瑚。双龙戏珠纹的外围，环绕满、汉两种文字的"御赐双龙宝星"铭文。宝星的上方缀有云纹形的挂环，配蓝色镶黄边领绶。

五等双龙宝星

　　在四等宝星的造型基础上，五等宝星外缘的棱角星芒有所缩制，数量上依然是 8 大 8 小 16 个棱角的形式，宝星的直径约为 5 厘米。宝星的主体是银质，表面不施彩，直接露出银本色，宝星中央镶嵌一颗大的砗磲珠，外围环绕点缀珐琅绿的双龙纹，龙纹表面不带鳞甲细节，龙首相对处的龙珠仍是一颗小的红色珊瑚珠。

　　经历了 1897 年版的改制，双龙宝星的面目焕然一新。西式化的造型中，仍然延续着光绪七年版的等第、双龙纹饰、宝珠品类、铭文等基本元素，就其改定时的目的来说，算得上是非常成功。不过不容讳饰的是，一些等第的宝星中的各级区分较为细琐不明显，例如通过龙纹身上有无鳞甲细节来分别等，并不方便快速辨识，其设计尚有可改进之处。

4.带有绶带的光绪二十三年版四等双龙宝星。

5.大多数双龙宝星的盒子正面都会写有等级，例如这个盒子就写有"四等宝星"。

6.光绪二十三年版五等双龙宝星。

6

光绪二十三年版双龙宝星星章辨认要素

等级	外环数量	中心宝石/上方宝石材质	中心宝石外围花纹风格	章体外围花纹风格	最后三个满洲文字	章体材质	大致尺寸	绶带材质和颜色
头等第一	4	红宝石或珍珠（上方）	中央为盘龙	一圈珍珠	(满文)	镀金	98mm	赤金色丝绸
头等第二	4	橙色或红色珊瑚/珍珠	一圈珍珠	云头，内为五瓣花	(满文)	镀金	98mm	大红色丝绸
头等第三	4	橙色或红色珊瑚/珍珠	五瓣花	云头，内镶珍珠	(满文)	镀金	98mm	大红色丝绸
二等第一	4	橙色或红色珊瑚/橙色或红色珊瑚	五瓣花	云头	(满文)	镀金	92-94mm	大红色丝绸
二等第二	4	橙色或红色珊瑚/橙色或红色珊瑚	回形纹或T形纹	M形纹	(满文)	镀金	92-94mm	紫色丝绸
二等第三	4		M形纹	M形纹	(满文)	镀金	92-94mm	紫色丝绸
三等第一	3	有光泽的蓝色玻璃或蓝宝石/橙色或红色珊瑚	五瓣花	无	(满文)	蓝色珐琅	82-85mm	白/蓝/白/蓝丝绸

等级		纹饰	材质	珐琅	大致尺寸	官方绶带
三等第二	3	回形纹或T形纹	有光泽的蓝色玻璃或蓝宝石/橙色或红色珊瑚	蓝色珐琅	82-85mm	白/蓝/白 蓝/白 丝绸
三等第三	3	M形纹			53-55mm	黄/蓝/黄 丝绸
四等	2	无	无光泽的蓝色青金石/橙色或红色珊瑚	无	50mm	
五等	2	无	有光泽的白色石头/无光泽的蓝色事故体验			

第二版双龙宝星绶章辨认要素

等级	整体外形	中心宝石/上方宝石材质	章体外围饰花风格	大致尺寸	官方绶带
头等第一	六臂	红宝石或珍珠/盘龙	十六个楔形物构成一圈	53-55mm	褐红色带穗饰
头等第二		橙色或红色珊瑚/橙色或红色珊瑚			
头等第三		橙色或红色珊瑚/橙色或红色珊瑚			
二等第一	五臂	橙色或红色珊瑚/橙色或红色珊瑚	两臂之间五瓣花	45-48mm	
二等第二			两臂之间五瓣花		
二等第三			两臂之间楔形物		

1.政府驻日公使馆照会递送日本政府的光绪二十三年版宝星章程。

三、赠德头等第一宝星的制作

依循光绪七年版宝星问世时的办法，光绪二十三年版宝星章程制定后，清王朝立即通过各驻外使馆将新的章程、图式照会通告各国，随后立刻普及运用开来。此时已是19世纪末，清王朝的外交活动比昔日大为频繁，使得光绪二十三年版宝星实际制作、颁发和存世的数量极大，也是现代收藏界中最常见的双龙宝星版本。

光绪二十三年版双龙宝星推行不久，清王朝即发生了一桩轰动一时的重大政治事件。甲午战争失败后，以军事近代化为特点的洋务运动式的近代化改革宣告破产，很多官员、知识分子开始痛苦反思中国为何落后于日本的问题，开始探寻走什么样的道路才能挽救、改变中国的命运。其中以康有为、梁启超、谭嗣同等为代表的一批青年知识分子，其呼声得以影响天听，获得了光绪皇帝的重视和依赖，促成了发生于1898年以急速的全面近代化改革为特征的戊戌变法，又称百日维新。此前长久被遮掩在国家政治幕后的面目模糊的光绪皇帝，第一次以强势的形象走到了国家政治的前台。

当年，恰好德国海因里希亲王（PrinzAlbert Wilhelm Heinrich von Preußen）来华访问，正值山东涉及德国的教案、冲突频发的多事之际，光绪帝希望借着接待海因里希访华，笼络、巩固中德关系，特别谕令相关各省的督抚要在接待活动上格外逢迎。5月15日，光绪帝在颐和园的玉澜堂接见海因里希亲王一行，当即授予其和随行人员以双龙宝星。[①]

需要略记一笔的是，现代收藏界曾出现过一枚保存于德国的双龙宝星踪迹，据称就是中国赠予海因里希亲王的头等宝星。不过从海因里希亲王来华访问的时间推论，此时清王朝已开始采用光绪二十三年版双龙宝星，而存世的指称为海因里希亲王旧物的宝星，则是一枚以光绪七年版宝星图式为基础，加上星芒装饰而特制的版本，像极了李鸿章访问欧美期间诞生的试验性的双龙宝星，因而这枚存世的海因里希亲王宝星的性质还需进一步推敲。

1

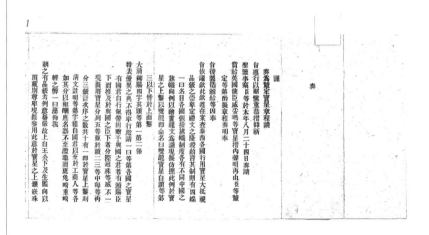

注①：

《清实录》57，中华书局1989年版，第468页。

时间回到 1898 年，在海因里希亲王访华的同时，正准备在强租的胶州湾地区大展手脚的德国政府，通过外交途径通知中国，德皇威廉将向光绪皇帝赠予一座德国黑鹰大勋章（Hoher Orden vom Schwarzen Adler），待制成后呈献。[1]

针对此，光绪帝于 5 月 26 日通过军机处电令中国驻德公使吕海寰，基于外交礼节，要求驻德使馆先行向德国外交部照会，提前预告光绪帝也将向德国国王威廉二世回赠一座头等第一双龙宝星，以向德国示好。[2]

极为不寻常的是，这一指令并没有按照正常程序由总理衙门发出，而是由军机处直接下达，显现了此次颁赠宝星活动所具备的很特殊的政治背景。

威廉二世尚是世子时，清王朝曾经向其赠送给一座光绪七年版的头等第二双龙宝星。此次因为其身份已经发生重大变化，清王朝按赠送外国君主之例，

2.德国亲王阿尔贝特·威廉·海因里希。

3.据德国资料显示，这枚是清政府授予普鲁士海因里希亲王的头等第一双龙宝星，在光绪七年版方形的勋章外加上了星芒。但从授予时间上却存在值得质疑的地方。

注①：
《吕海寰往来译稿》，台湾文海出版社 1978 年版，第 61 页。

注②：
《发出使大臣吕海寰电》，《清代军机处电报档汇编》19，中国人民大学出版社 2005 年版，第 334 页 (201)。

1.带有双龙宝星图样的一套帽筒。

开始准备头等第一双龙宝星。起初军机处计划照着总理衙门办理宝星的通例,直接在北京制备这座宝星。但实际考察时,军机处发现在北京制作的高等级宝星存在"金色黯淡不称"的问题,于是决定改在中外通商巨埠、物料丰饶的上海来解决制作问题。由这一细节可知,当时清王朝中央在北京制作的宝星,可能存在着金质不纯或者是表面加工工艺有所欠缺等不足,这一点在一些存世的高等级双龙宝星实物上也能看出端倪。

作为清政府在上海地区的最高行政官员,时任上海道蔡钧也是在5月26日这一天被军机处电令,要求其具体来负责赠送德皇威廉的头等第一宝星的相关制作工作。在这以后的一个多月的时间里,军机处的大臣们和上海道蔡钧之间围绕这座宝星的制作产生了一系列的往来电报,记录下了一段宝星制作的生动历史,为百年后的人们提供了有关一枚宝星制作过程的实例记录。

军机处在5月26日指令蔡钧的同时,电报中还对头等第一宝星的样式和特征做了说明,要求形制必须按照1897年颁定的新式宝星图式,具体制作大宝星和副宝星各一座。"上年新定图式,久经颁行,希查照图式制造大、小两座。大者于第二重线上加珠一圈,其上嵌大珠一颗"。命令蔡钧对此核算造价,并对宝星的制作工艺和制作效率做了强调,"沪上工艺较精,执事熟谙西例,必能仰慰宸怀,希妥速办理"。①

军机处的指示沿着架设在京沪之间的电报线路抵达上海时,蔡钧正外出在江苏省城苏州公干,直到5月30日返回上海后才看到了这一电令,蔡钧不

1

注①:
《发上海道蔡钧电》,《清代军机处电报档汇编》19,中国人民大学出版社 2005 年版,第 337-338 页(204)。

2.在俄罗斯生产的一套头等第三双龙宝星的原盒。欧洲生产的双龙宝星原盒基本上都采用法文。

敢怠慢，立即在上海就宝星的造价等进行调查、询价，第二天5月31日就向军机处做出了很详细的汇报。

按照光绪二十三年版宝星的式样，头等第一宝星的大宝星上最显眼的装饰是镶嵌在双龙戏珠纹上方的一颗大珍珠，蔡钧计划使用重约三分二（折算下来约1克）的光圆大珠，价格约为洋银600元。其他所需的小珍珠，总价约几十元。铸造大宝星和副宝星本体所用的黄金约需4两多，蔡钧核算其价格为200多元。除这些料钱外，蔡钧寻找了一位在上海的外国首饰匠来承制这颗宝星，这名洋匠报的工价100多元，工期两个月，总计宝星的造价为1000两银左右。如果要全部用最上等的珍珠，则总价还将增加1000余两银。

报告的末尾，蔡钧还向军机处提出了一个建议。即他在让外国首饰匠照着双龙宝星图式估算报价时，这位外国首饰匠认为头等第一宝星主图上双龙戏珠纹的内轮廓应该增加一圈昂贵的火钻，"外国最贵火钻，如伴龙内边一围镶火钻更壮观"。[1]

因为事出紧急，收到蔡钧报告的第二天，军机处即回电答复，命令按照最精美的方法来制作，镶嵌钻石，选用上等珍珠，必须在两个月内制造完成，"宝星镶火钻、用上等珠，赶四旬内造成"。[2]

准备赠送给德皇威廉二世的头等第一双龙宝星在上海由西方匠人开工一

注①：
《收上海道电》，《清代军机处电报档汇编》19，中国人民大学出版社2005年版，第350-351页（210）。

注②：
《发蔡钧电》，《清代军机处电报档汇编》19，中国人民大学出版社2005年版，第357页（214）。

段时间后,1898年6月11日光绪帝颁布《明定国是》诏,宣告了戊戌变法的开始。强势主导国政的光绪帝,在第二大对赠德宝星事务直接过问,并就制作方案提出了自己的意见。军机处于6月12日奉光绪帝上谕致电蔡钧,转告了光绪皇帝对这座宝星的具体修改要求。原计划中的那颗1克重的珍珠,光绪皇帝嫌其太小,令改用到副宝星上,而大宝星上用的大珍珠应该更换一颗更大的,命令蔡钧去购买一颗8分(约2.5克)以上的大珍珠。同时电报中还着重提醒蔡钧不要考虑省钱,"毋庸惜费",[①] 言下之意只要宝星制作精美,可不计工本。随后,军机处又追加一封电报传达上意,命令大宝星所配用的绶带改成明黄色。这种不按常规、破旧立新的措施,恰与戊戌变法的特色有几分相似。

当天蔡钧回电报告一切照办,同时又汇报了制作大绶带的绣工也提出了一项建议。按照光绪二十三年版宝星图式,头等第一宝星配套的大绶带表面没有刺绣装饰,而为了精美起见,具体承制此件的绣工向蔡钧提出,可以在宝带上增加一些装饰,诸如绣上龙纹,在宝带的边缘绣上阑干花纹(即回形纹装饰),在宝星的两头增绣网纹以及增加结束穗饰。十分有趣的是,建议中提出的这些装饰内容,其实都是原本出现于光绪七年版宝星宝带上的标准设计,这位提出建议的工匠或许是一位曾长期承担宝带制作的熟手,正是凭着昔日制作光绪七年式宝带的经验而提出了建议。[②]

围绕军机处传达的改用大珍珠的要求,蔡钧经过和承制宝星的洋匠协商,在6月14日又向军机处电报。因为改用更大的珍珠,珍珠的直径大小已经超出了宝星图式上的设计尺度,为了保证宝星总体的大小尺寸不变,蔡钧和洋匠讨论,决定压缩宝星上的铭文空间,以腾出地方容纳大珍珠,"将中国清、汉字略为排紧,当中腾出一字许,以容大珠"。

光绪二十三年版头等第一宝星的设计中,大宝星上的大珍珠实际并不位于宝星的正中央,而是处在中央团龙纹外侧的双龙戏珠纹的上部,即充当龙珠使用。蔡钧和洋匠的主意,实际就是从双龙戏珠纹内圈的铭文部分腾出一个字大小的空间,以安置大号的珍珠。

由于大号珍珠并不镶嵌于宝星的正中央,为了保证总体构图上的协调、匀称,洋匠建议将宝星上的其他珍珠也都略改大一号。

此外,蔡钧还请求军机处就大绶带的具体做法给出明确指示,"应否用本色织成双龙、阑干花边? 或明黄色地,金红起花? 或用彩色起花? 全不起花"。为了确保工期,蔡钧汇报自己已经命令绣工在织绣一幅以备不时之需的大绶带,采取的形式是"明黄色丝地,洋金线起花"。[③]

注①:
《发上海道》,《清代军机处电报档汇编》19,中国人民大学出版社2005年版,第383页(230)。

注②:
《收上海电》,《清代军机处电报档汇编》19,中国人民大学出版社2005年版,第388页(234)。

注③:
《收上海道蔡钧电》,《清代军机处电报档汇编》19,中国人民大学出版社2005年版,第393-394页(237)。

对这些处理方法，军机处于 6 月 16 日作复，同意蔡钧的处理意见，"既用大珠，自应将珠围外边放大，满、汉字紧排，惟须分明可辨，其外围小珠、中珠亦放大，以期匀称。既加钻石一圈，尚须小珠否？副宝星中珠改用三分，亦应放大外围，以能嵌抱。两座大小仍照原式"。[①]

实际制作办理过程中，随后又遇到新的问题。蔡钧遵照上谕指示寻购 2 克重大珍珠，但是发现市面上这么大的珍珠非常罕见，纵然有也大多存在瑕疵，"七、八分重者既少，且不光圆"。而且制作宝星的洋匠也强调"珠大龙小，款式不称，且占中龙、镶珠及火钻地位"。蔡钧建议退而求其次，大宝星上改用五分重（约 1.5 克以上）的珍珠，"极大珠重至五分余者，已极美观"。[②]

经反复磋磨讨论，赠送德皇的头等第一双龙宝星终于在 1898 年的初夏告成。

四、改革宝星制度

作为戊戌变法时代赠德宝星的一段插曲，推动改革变法的光绪帝当时踌躇满志，想要快速实现中国的西化改革，同时目睹西方列强国君佩戴大勋章的英武风姿，也预备加以效法，以展现中国天子的英姿和洋式化。

光绪帝此前曾经得到过法国赠送的大勋章（估计应是荣誉军团勋章），此次又由德皇赠送了黑鹰大勋章。光绪帝（或其智囊）预备将自己所获得的这两枚大勋章同时并排佩戴，因为大勋章的尺寸较大，难以同时联排佩戴，光绪帝又想出了模仿西方做法，将大勋章按比例缩小为小章来佩戴的主意。从其设想内容来看，光绪帝或者其幕僚，所注意到的西方成例其实是西方联排佩戴襟绶勋章、奖章的模式，因为没有参透其内涵究竟，竟然萌生出了奇特的念头，要把大绶勋章改造成可以联排佩戴的襟绶形式。

中国驻法、德公使同时被命令就近在所在国制作缩小版的勋章。其中时任驻德公使吕海寰在当年的 6 月 10 日接到了缩制德国黑鹰大勋章，以及制作配套的襟绶的任务，"查照式样缩制一座，并备连缀横排佩带"。[③]

吕海寰在德国找专业勋章制造商对此进行设计，并核算除了造价，"正星连芒长一寸四分又三分之一，副星配星连芒尖一寸三分，通镶钻石，计价

注①：
《发上海道电》，《清代军机处电报档汇编》19，中国人民大学出版社 2005 年版，第 404 页（243）。

注②：
《收上海道电》，《清代军机处电报档汇编》19，中国人民大学出版社 2005 年版，第 410 页（248）。

注③：
《吕海寰往来电函录稿》，台湾文海出版社 1978 年版，第 71 页。

龙星初晖——清代宝星勋章图史

1

1

四千五百马"[①]、"副宝星照原式点蓝"[②]。经清廷批准，除黑鹰大勋章的副章因为和联排佩戴无关，认为没必要仿制外，其余均照式制作，开始在德国仿造黑鹰勋章，制作镶钻石的正章缩小版。至当年10月11日，迷你版的黑鹰勋章制成，[③]和在法国制作的法国勋章缩制版一起寄回国内。只是此时戊戌变法已经失败，光绪帝实际上被褫夺了权力，已没有佩戴这种外国勋章的心情了。

1898年意图实施激进的近代化变革的戊戌变法失败后，清末中国的政治导向出现了一段十分明显的报复性反弹，清政府的对外政策转为顽固保守，底层民众对西方人的愤懑情绪也愈积愈深，各地涉及外国人的教案频发，纷争愈演愈烈，进而在1900年发生了空前酷烈的庚子国变劫难。

经签订丧权辱国的《庚子条约》，八国联军侵华战争结束，战败后的清王朝痛定思痛，从1901年开始大幅度调整国家政策，着手推动包括政治制度改革在内的更彻底的近代化改革，史称清末新政，很多

注①：
《吕海寰往来电函录稿》，台湾文海出版社1978年版，94页。

注②：
《吕海寰往来电函录稿》，台湾文海出版社1978年版，93页。

注③：
《吕海寰往来电函录稿》，台湾文海出版社1978年版，280页.

1. 日本首相大隈重信曾获得过头等第三双龙宝星。2013年其后代在东京曾展出这套勋章以及清政府颁发的执照和日本政府颁发的佩戴双龙宝星许可。

2. 很多在欧洲生产的较低等级双龙宝星会采取较高等级的星章形式，例如这枚法国生产的三等第二双龙宝星。

3. 全套三等第二双龙宝星。

1

2

3

1.另一枚法国生产的三等第一双龙宝星，也采取了星章形式。

2.这枚采取星章形式的三等第二双龙宝星应为德国制造。

3.一套含有高级黄色丝绸盒子的头等第三双龙宝星。（供图/Morton & Eden）

4.法国生产的正常规格的三等第一双龙宝星，应与前一枚星章为同一厂商制造。

方面事实上就相当于是戊戌变法的再现。当年，清政府中央新设行政机构督办政务处，而此前负责涉外事务的总理各国事务衙门，也在这一年进行改革，更名为外务部。外务部除承续了总理衙门所管辖的外交等项工作外，双龙宝星事务也由外务部继续负责主管。

1

2

3

4

5.佩戴双龙宝星勋章（倒数第二行第二枚）的墨西哥总统波费里奥·迪亚斯。

6.佩戴头等第三双龙宝星的德国海军上将库尔特·冯·普利特维茨。

7.曾任台湾总督的儿玉源太郎大将，佩有双龙宝星。

8.德国著名的海军元帅提尔皮茨早年曾因为协助清政府购买德造军舰而获颁双龙宝星。如今他的双龙宝星由汉堡海事博物馆收藏。

Großadmiral Alfred von Tirpitz

Phot. Pericheid, Berlin

龙星初晖——清代宝星勋章图史

1.佩戴二等第二双龙宝星的沙俄陆军上将尼古拉·彼得罗维奇·连纳维奇。他曾指挥八国联军中的俄军军团。

2.奥匈帝国上将米歇尔·冯·福尔纳的画像，其中可以看到头等双龙宝星的星章和佩戴在右胸下方的副章。

3.佩戴二等第三双龙宝星的罗伯特·布雷登，他曾是上海海关的副关长。

4.一名佩戴五等双龙宝星的南斯拉夫王国海军军官的照片，请注意其采用了奥匈的三角上挂。

昌蔭 *Yintkaylkulo* 楼五

5

6

5. 一名佩戴四等双龙宝星的德国平民的照片。（供图/Bene Merenti）

6. 身着新军军服的荫昌照片，他脖子上佩戴的应该是驻德期间获得的普鲁士王冠勋章。

　　新政开始一年之后，1903 年 8 月 2 日，外务部据时任驻德公使荫昌的公函意见而上奏，要求对双龙宝星制度加以修改厘定。[①]

　　荫昌所提出的问题，是清末宝星制度诞生以来老生常谈的老问题。早在 19 世纪 60 年代宝星诞生以后，关于宝星的制作工作实际上一直处于含混不清的状态，除了由清王朝中央总理衙门为主的在京制作后寄递发放的模式外，为了宝星颁发的时效性，同时还并行着谁申请、谁制作的原则。不仅存在诸如在上海等地制作的国内地方版本的宝星，一些驻外公使还有在欧洲国家个别临时订制的情况，导致了双龙宝星的版式五花八门。从现代保存于世界各地的双龙宝星实物上，就能充分感受到这种制作工艺不统一的问题（不统一的问题不仅见于宝星本身，宝星的收纳形式也纷乱不已，即有用木匣、漆匣装盛，也有用荷包式的布囊收纳等等）。

　　外务部转引荫昌的意见时，还提到一些得到双龙宝星的外国人，因为发现自己获得的宝星实物的样式与清政府官方颁布的宝星图式存在差异，每每还出现向总理衙门 / 外务部查询甚至申请调换的情况。综合这些问题，外务部申请朝廷下达明确谕旨，规定此后双龙宝星只能由外务部制作，以求划一。

　　这份言之有据的奏折递上之后，立即获准。从之后的施行实践来看，此后双龙宝星渐渐开始一律在北京制作，而且极有可能由内务府所管的机构代工制造，以求精美。

注①：

《清实录》58，中华书局 1985 年版，第 842 页。

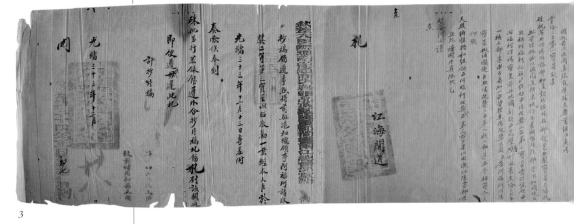

3

1.德国海军元帅埃里希·雷德尔也曾于1898年10月10日获得三等第三双龙宝星。

2.中国近代史上著名的川岛芳子亲父肃亲王与干爹川岛浪速合影。川岛浪速佩有三等双龙宝星。

1905年，清政府为了"起衰弱而救颠危"，派出载泽、戴鸿慈等考察政治大臣出洋，分两路前往欧美各国和日本，考察各国的政府体制、运行情况，据此作为拟定清王朝政治制度改革方案的参考依据，史称五大臣出洋。随后在第二年，清政府正式宣布预备立宪，准备着手改换采用有限的君主立宪制政体。

伴随着预备立宪活动的开始，清王朝从中央到地方的各项制度都在尝试破旧立新。1908年9月11日，外务部再次为双龙宝星制度的改革上奏清廷，

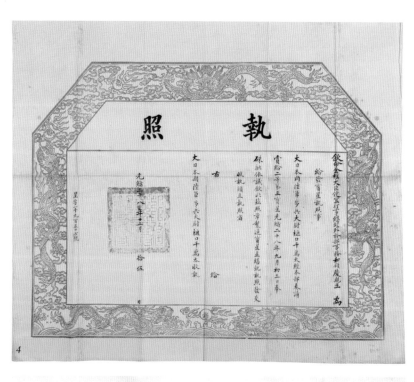

4

3.江海关道为荷兰驻沪总领事申请改授三等第一双龙宝星为二等第三双龙宝星的奏折。

4.授予一名日本军官的二等第三双龙宝星执照。

5.授予一名俄国外交官的二等第三双龙宝星执照。

5

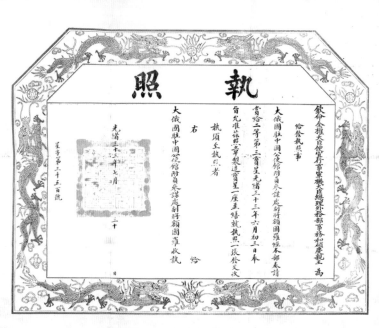

这次的主张则是针对双龙宝星的颁发对象。

　　清末，中国开始模仿西式宝星以来，尽管宝星从最初遮遮掩掩的非正式奖励形式，逐渐发展变成了光明正大的国家勋章，但其本质上始终还是一种专门用于赠予、颁发给外国人的礼仪器物。

1.授予美国海军军官约翰·富勒的全套光绪二十三年版二等第二双龙宝星。

外务部上奏认为，西方各国设立勋章、宝星，首先的目的和用途都是在于奖励本国的臣民，其次才延及至外国人，而中国恰恰与此颠倒相反，属于不合常理。尤其当涉及正规的外交场合时，西方人都会着礼服，将自己所获的勋章、奖章一一佩戴，以夸耀荣誉。此时，中国的外交官员便会遇到没有本国勋章可以佩戴的尴尬，常常只能是佩戴别国颁发的勋章，于中国的国家形象颇有损失。为此，外务部从自身的立场出发，申请清王朝扩大双龙宝星的颁奖范围，除了颁赠给外国人外，也应该向出使外国的中国官员颁发，以便在外交场合佩戴运用。

"各国通例，其国之有宝星者，内外官员一律颁给，是以外交官吏佩带宝星必先本国而后他国，遇有初膺使任，经他国先给宝星者，本国亦必随后补给，缘酬酢之际，典礼攸关，当以本国宝星为主，以他国所赠之宝星为辅，其余内外轻重，具有斟酌。我国既有宝星以奖外人，于他国所赠者亦准收受，出使大员每于中外庆典，樽俎周旋，不能不佩带他国所赠之宝星，而独无本国之宝星，方今列国并峙，风气渐趋大同，自应因时制宜，以昭一律。今拟仰恳天恩赏给出使大臣宝星，俾增荣宠"。[1]

处在大变革的时代，外务部这一奏请迅即得到批准和施行。新章颁布两天之后的 1908 年 9 月 13 日，出使美国、考察各国财政大臣唐绍仪成了新制度下的首位受勋者，当天被正式授予了双龙宝星。[2]

随后到了 1909 年 1 月 18 日，清政府一股脑给外务部大臣和各驻外公使全部颁发双龙宝星。[3]

注①：
《光绪朝东华录》，中华书局第 1958 年版，第 5989 页 (19)。

注②：
《清实录》58，中华书局 1985 年版，第 867 页。

注③：
《清实录》59，中华书局 1987 年版，第 100 页。

2　　　　　　　　　　3

宝星等第	受勋者
头等第二宝星	总理外务部事务大臣、庆亲王奕劻
头等第三宝星	外务部会办大臣、大学士那桐 署外务部尚书、会办大臣梁敦彦
头等第三宝星	出使德国大臣荫昌
二等第一宝星	外务部左侍郎联芳 署外务部右侍郎邹嘉来 出使英国大臣李经方、出使俄国大臣萨荫图 出使法国大臣刘式训、出使美国大臣伍廷芳 出使日本大臣胡惟德、出使荷兰大臣陆徵祥 出使奥匈大臣雷补同、出使意大利大臣钱恂 出使比利时大臣李盛铎

2.曾任驻德公使的荫昌。照片为荫昌清末担任陆军将领时所摄，照片中竟然将一枚双龙宝星的副宝星当作挂章，未加绶带，直接佩戴在胸前。从挂章的形式看，为二等，于荫昌曾获得的双龙宝星的等第不符，原因待考。

3.1908年拟定宝星新制度后，第一位获得双龙宝星勋章的国人唐绍仪。

　　这一天，是中国纪年的光绪三十四年十二月二十七日。实际上，光绪皇帝已经在此前的 11 月 14 日驾崩，幼帝溥仪已经在摄政王载沣辅佐下继位，几天之后的新年正月初一就将启用新的年号"宣统"，双龙宝星恰恰在这一新旧交替的时刻实现了颁授对象扩大至中国本国人的历史性改革。

1

1.清末海军大臣载洵出使
时在日本与海军界人士的
合影。照片中中方使团的
人员身上，大多佩戴着双
龙宝星。

2.佩戴双龙宝星的郡王衔
贝勒载涛。

3.清末随同贝勒载洵考察
各国海军建设情况的使团
成员那晋，佩有双龙宝星
以及到访各国颁发的各类
勋章。其中双龙宝星以别
针佩戴，甚是有趣。

从办理的实践情况看，光绪二十三年版双龙宝星从光绪三十四年开始虽然推及中国人，但是只限于高级外交官员，并不是因功论赏，而仅是根据职务、身份而颁发，本质上是为了提升对外交往时的国家形象的措施。1911年，英国国王乔治五世加冕，清政府应邀派海军军舰"海圻"前往庆贺，参加国际阅舰式，负责具体带队前往的巡洋舰队统领、海军协都统程璧光，以及"海圻"舰管带汤廷光等临行前被颁发双龙宝星，成为清王朝最早的获得双龙宝星的军人，不过颁发的缘由，实际上还是因为外交起见。

不同于双龙宝星颁赠中国人的情况，宝星从诞生之日起，在向外国人颁发时，所考量的情节除了国家间的交往互赠外，还常常会考虑到外国人是否有功于中国，其赏功的性质比较明显，不过由于授予对象的问题，总的性质上仍然还是为了服务于联络邦交、敦睦友谊这一大的前提。

由清王朝的外交部门主管，主要服务于外交需要的宝星，究其性质而言，甚至可以称作是"外交宝星"。

从光绪三十四年扩大双龙宝星的颁赠范围之后，至清帝逊位、王朝终结，双龙宝星制度未再发生大的变化，光绪二十三年版双龙宝星成为清王朝历史上最后的一种通行的国家勋章。

2   3

4   5

6

4.1911年后满清王族的合影。请注意荫昌（左一）、载搜（左二）、载涛（左五）和谭学衡（最右）四人均佩戴有双龙宝星。

5.清末出访的"海圻"号巡洋舰在英国参加国际阅舰式时的留影。

6.率"海圻"访问欧美的巡洋舰队统领程璧光在美国纽约市政厅前发表演说的情景，照片中程璧光胸前佩戴着一枚双龙宝星。

星越长空 第四篇

1.身着禁卫军军服的载涛照片，依旧佩戴有双龙宝星和爵章。

一、奏定勋章、爵章章程

清末双龙宝星制度在 1908 年实施改革，将颁发对象的范围从仅针对外国人而扩大到也可以颁发给中国人，但局限仍然非常明显，只颁授给从事外交工作的清王朝高级官员，这使得双龙宝星在外人眼中简直如同是外务部自设的勋章一般。

时为 20 世纪初，光绪、宣统两朝政治更迭，很多曾经叱咤风云的政治大佬都已作古，随着老成凋零，一批年轻的八旗贵胄出身的官员在清王朝的政治舞台上越来越活跃，分掌国家重要部门，以巩固皇权、维护清王朝江山而自许。因为所处时代的不同，这些贵胄子弟的眼界所及，较之前辈确实更为开阔，对世界近代化潮流的趋势所向也更为明晰，包括勋章制度在内的各种西方的军事、政治制度引起了这些贵胄官员的浓厚兴趣。经与西方的勋章制度相比较，双龙宝星的局限性被看得越来越清楚，相应的制度变革也由此发生。

1

爱新觉罗·载涛，出生于 1887 年，是清末醇亲王奕譞的第七子，深谙马术，对弓马骑射非常喜好，光绪末年被派担任专司训练禁卫军大臣，负责统领和训练带有清王朝御林军性质的禁卫军。光绪皇帝驾崩后，清王朝改元宣统，载涛的侄儿溥仪成为新君，载涛的哥哥载沣则成了摄政王，作为皇叔的载涛地位非同一般，且又曾具体管理过军队，此后更受倚重，被清廷视为总管军队、进行军事改革的核心人物。

就在双龙宝星改定章程，扩大颁发范围后不久，作为皇家重要的兵权掌控者，载涛于 1909 年 4 月 2 日上奏清廷，提起了涉及军事近代化改革的一项重大事务，即申请建立整套的西式勋章、爵章制度。在宝星出现了近半个世纪之后，中国近代勋章发展史上迎来了一次彻底变

革的契机。

　　载涛关于申请建立勋章制度的奏折里，最吸引人注意的就是采用了一个全新的概念名词——"勋章"，仅从字面上就能够看出，是要凸显出和以往的宝星之不同。

　　载涛奏折的开篇部分，首先围绕勋章所蕴涵的功能、价值、意义，援引西方国家作为例证，进行了扼要的名词阐释，"各国贵族显官，莫不有荣身之具，其焜耀华贵，为彼都人士所最欣慕者，厥惟勋章"。随后，根据勋章的含义，来检视和指出双龙宝星所存在的缺陷，其重点就是指出双龙宝星的颁发范围仍然太过狭窄，以至于很多无从得到本国宝星的官员、军人以此为憾，"外务部所制之宝星，昔仅用以奖励外宾，近虽颁赏外务部堂官及出洋各使，其非办理外交人员，尚未能获此美观、幸邀旷典。盖缘宝星制自外部，与各国之制自政府者，惟质既有不同，用法因亦各异。刻值四方和会，士大夫交相砥砺，已稍稍以此为荣，军人戎服佩刀，尤以不带勋章为憾"。①

　　按照士大夫、军人们对获得勋章的渴望，迎合这一大势所趋，载涛提出了耳目一新的勋章体系设定方案。载涛建议，中国的勋章应该分为三个种类，即皇族勋章、战功勋章、劳绩勋章，并分别对三种勋章的功能进行介绍。

　　皇族勋章，设定为皇族近支的身份象征，"皇族勋章，惟近支有显爵者得以佩之"，即只有属于皇族近支，且拥有爵位者，才能被授予这种勋章。言下之意，这种勋章属于身份、爵位象征，不可单独申请。

　　战功勋章，是因立有战功而获颁发的勋章，授予在军事活动乃至战场上立功者，"战功勋章，体制最重，非实在立功疆场者，未能轻畀"。根据载涛

注①：
　　《训练禁卫军大臣载涛等为请拟颁行各项勋章事奏折》《历史档案》1999 年第三期，第 73 页。

2.1910年载涛考察日本时在驻日使馆中合影留念。请注意照片中载涛和几位使团成员，如李经迈（前排左五）、驻日大使胡惟德（前排左六）、哈汉章（前排左九）等佩戴着桐花、旭日、瑞宝等不同的日本勋章，应是刚刚接受了颁发。

在奏折中的设想，这种勋章的获得者，还将附带赠予一定标准的俸金。

劳绩勋章，颁发给任事出力，著有功劳的臣民人等，"劳绩勋章，各项出力人员皆得与乎"，除了皇族、军人之外，官员乃至百姓只要出力有功，著有劳绩，都可以颁授这种勋章。

比较特殊的是，在道出了对勋章体系的大致设计模式外，载涛的奏折中还提议成立一个专门负责勋章事务的国家机构——勋赏局，直接隶属于内阁。凡是涉及军功勋章、劳绩勋章的颁发、授予等工作，均由勋赏局直接主管，"其选战功、劳绩两项，视功绩之大小，定等第之高下，进则升，而退则降；罪则夺，而故则缴，事属于勋赏局，局隶于内阁"。[①]

奏折的最后，载涛建议此事应由外务部、陆军部、会议政务处三方联合商筹办理，对各国的勋章制度进行仔细考察，"切实研究，参酌右制"，而后"妥拟式样、章程，绘图开单，奏请钦定"。

除了申请研究制定全新的勋章制度外，4 月 2 日这一天，载涛递上的另外一份重要的奏片，是关于建立爵章制度的申请。

封爵，是中国古已有之的传统制度，清王朝建立后，根据自身的特点，对传统的爵位制度进行了进一步的修订，其爵位从高至低依次为和硕亲王、世子、多罗郡王、长子、多罗贝勒、固山贝子、奉恩镇国公、奉恩辅国公、不入八分镇国公、不入八分辅国公、镇国将军、辅国将军、奉国将军、奉恩将军，共分十四等。

载涛的这份奏片中所提到的爵章，也是一个前所未有的新概念。对此，载涛做了详细的说明，当时清王朝学习西方大刀阔斧改革军制，很多年轻的贵胄子弟也进入军队直接任职，身负军职的贵胄们参与校阅、演习时，都身着军服、佩刀，此时为了显示出他们独特的宗室、贵胄身份，应该有一种专门供担任军职的贵胄们佩戴的章，即所谓爵章，"此后每遇校视兵操，并随从大阅，均应戎服佩刀，若无相当爵章，未免漫无区别"。

据此，载涛申请制定爵章制度，为从和硕亲王至奉恩将军的各等级爵位（世子、长子不在其内），以及蒙古王公和普通出身的勋戚等分别订立类似勋章形式的爵章，作为贵胄们的身份象征。相当于是将中国古老的封爵制度，用西洋的近代化的表现形式加以重新体现。

此时正值年轻的摄政王载沣主政，对于推陈出新的制度改革大都并不抵触，有关建立勋章、爵章制度的两份奏议上陈后的第二天，1909 年 4 月 3 日清廷就以朱批一一予以准奏。其中有关建立勋章制度一事，按照载涛所请，具体责成外务部、陆军部和会议政务处进行联合会商，共同订立草案，而爵章制度，则直接命令由载涛负责拟定具体的方案。[②]

注①：
《训练禁卫军大臣载涛等为请拟颁行各项勋章事奏折》《历史档案》1999 年第三期，第 74 页。

注②：
《奏定爵章图说》，清代印本。

二、爵章

1.国家图书馆所藏《爵章图说》书影。

可能因为勋章制度的设计是由三个不同的部门携手进行的，部门间协调意见、往来函商本来就耗费时间，加之勋章体系本身牵涉的方面很多，其等第、体系也较复杂，颇费思量，因而其制度设计工作进度较慢。相形之下，爵章的设计工作由专司训练禁卫军大臣载涛直接负责，不需要再与他方讨论，而且爵章依托的是早已有之的爵位制度，等级之类的细节非常明确，因而爵章的制度设计工作相对简单了不少。在清廷朱批准奏之后，爵章制度的方案最先完成，相应的章程乃至图式设计在1909年的5月27日奏呈清廷。

按照设计，爵章总体上分为两个大类，即皇族爵章和藩属、勋戚爵章，总体上的形式实际借鉴、引用了西方十字勋章的模样。而据载涛等在上奏中的说明，西式十字章的外形之内，别出心裁地注入了很多具有传统文化内涵的寓意设计，其中西合璧的模式，堪称是经典。

在形式上，皇族爵章和藩属、勋戚爵章，都是由一个大十字章和环绕在十字章四周的植物藻饰构成。

十字章的具体设计，以及所附着的文化寓意，引用了上古时代周成王分封诸侯的古老典故。

按史籍所载，周成王时"设丘兆于南郊，建大社于国中"。所谓的大社，即用于祭祀土地的祭坛，按照方位，大社的中央铺黄土，东、南、西、北四

方则分别用青、红、白、黑四色土，象征着四方诸侯拱卫天子，也象征着江山。每当分封诸侯时，都要从大社挖取一块相应方位色彩的土壤，用白茅草和黄土裹上后交给被封的诸侯，称为"裂土封茅"，赠送一块国土给受封的诸侯，寓意不难理解。而其中所出现的白茅草，更有深意，白茅在周代是制酒时常用来过滤酒的材料，取意为提醒诸侯不要忘记供奉祭祀之诚，和白茅一起出现的黄土则象征着中央，象征着周天子，取"勿忘中朝"之意。

上述传统的五方土的颜色，以及"裂土分茅"等一系列典故，成为爵章设计所依据的主要文化内涵。爵章上的十字章用珐琅彩着色，中心的圆形区域着黄色，上、下、左、右对应上北、下南、左西、右东四方，分别着黑、红、白、青四色，与五方土色相合。在中心的黄色圆形区域内，绘一株白茅草图案，作为爵章的主图。中国的封爵历史，可以追溯到商周时代分封诸侯的故事，而爵章所要体现的正是这种千年流传的文物制度，"采取土色方位以定规型，中绘白茅枝叶以为藻饰"，以周朝封疆的典故不动声色地附着到西式的载体形式上，确是一幕动人的图像。

皇族爵章

具体到爵章中的皇族爵章，是在上述五色十字章的造型基础上，于十字章之间环绕珐琅绿色的桐树叶纹样，作为衬托装饰，十字章的每一端衬托两片桐叶，共计八片。

之所以选择桐叶，又是取了一个周代分封诸侯的著名典故，即"桐叶分唐"。据传年幼的周成王在和弟弟叔虞的一次游戏中，如过家家一般玩闹，用桐树叶模仿凭据赐封叔虞。后因"天子无戏言"，周成王践行了自己在儿戏中所说的话，将唐国赐封给了叔虞。此后历朝历代，桐叶便具有了不一样的政治寓意，成为某种政治符号，清代赐封爵位时，也常引用这一典故，雅称为"桐封"。在皇族爵章的五色土图案外，衬托桐叶，寓意着赐封。"用桐叶式参错于土色之间，俾表殊荣，而符名实"。

带有白茅图案的五色十字章，加上绿色桐叶环饰，构成了皇族爵章的造型。材质方面，皇族爵章主体采用黄金或银质镀金，表面用珐琅彩着色，中央圆形区域、四方区域以及桐叶的边缘、轮廓等均用金丝勾线。因皇族爵章要分别对应和硕亲王、多罗郡王、多罗贝勒、固山贝子、奉恩镇国公、奉恩辅国公、不入八分镇国公、不入八分辅国公、镇国将军、辅国将军、奉国将军、奉恩将军等12个级别，需要各有相应的识别特征，设计时对此采取了十分巧妙的办法，即依据《大清会典》中规定的相应爵位的朝冠、吉服冠上的帽顶珠的材质、数量进行点缀。

其中在十字章居中的圆形黄色部分，镶嵌与吉服冠顶珠同色、同质的宝石。位于十字章四方的四色土上，则根据冬朝冠上的宝石数量、材质，镶嵌相同数量、材质的宝石。为了镶嵌牢固，工艺上采取的是在章体上留出相应的凹槽，再将珠、石镶嵌进去。各等级的具体设计如下：

爵位	爵章中心宝石	爵章四周宝石	图样（制图／巴超）
和硕亲王	红宝石	10 颗东珠：上下各 3 颗，左右各 2 颗	
多罗郡王	红宝石	8 颗东珠：四方各 2 颗	
多罗贝勒	红宝石	7 颗东珠：上方 3 颗，下方 2 颗，左右各 1 颗	
固山贝子	红宝石	6 颗东珠，上下各 2 颗，左右各 1 颗	

奉恩镇国公	红宝石	5 颗东珠，上方 2 颗，其余三方各 1 颗	
奉恩辅国公	红宝石	4 颗东珠，四方各 1 颗	
不入八分镇国公	红珊瑚	4 颗东珠，四方各 1 颗	
不入八分辅国公	红珊瑚	4 颗东珠，四方各 1 颗	

镇国将军	红珊瑚	1 颗东珠，镶嵌于上方	
辅国将军	红珊瑚	1 颗红宝石，镶嵌于上方	
奉国将军	蓝宝石	1 颗红珊瑚，镶嵌于上方	
奉恩将军	青金石	1 颗蓝宝石，镶嵌于上方	

1.子爵爵章实物。（供图/Morton & Eden）

藩属、勋戚爵章

　　藩属、勋戚爵章的颁授对象主要是蒙古等藩部王公（藩属），以及清王朝赐予公、侯、伯、子、男等爵位的重臣，还有与宗室皇族有婚姻关系的额驸（勋戚）。其爵章的主体部分也是五色十字章，构型和宗室爵章上的十字章基本相同，十字章四方不用桐叶衬托，取而代之的是带绿叶的紫红色牡丹花，十字章的四个斜角空缺处各装饰一朵牡丹花。选用牡丹花作为衬饰，也具有一定的历史典故，中国唐、宋时代，权贵们习惯用金丝编织成的牡丹花图案来装饰冠帽，以显华贵，因而牡丹花逐渐又有了"富贵花"的花语别号。用象征富贵的牡丹衬托在藩属勋戚爵章上，用意不难想见。

　　藩属、勋戚爵章的材质采用银质，爵章表面的边缘轮廓、纹理等用银丝勾线，从色彩上和金色的皇族勋章有明显的区别。藩属、勋戚爵章上区分等第的办法和皇族爵章相同，都是比照《大清会典》中规定的相应爵位的朝冠、吉服冠上的顶珠等装饰的材质、数量，镶嵌宝石、东珠，具体如下：

爵位	爵章中心宝石	爵章四周宝石	图样（制图／巴超）
藩属亲王	红宝石	10 颗东珠：上下各 3 颗，左右各 2 颗	
藩属郡王	红宝石	8 颗东珠：四方各 2 颗	

藩属贝勒	红宝石	7颗东珠：上3颗、下2颗，左右各1颗	
藩属贝子	红宝石	6颗东珠，上下各2颗，左右各1颗 固伦额驸爵章用金地、勾勒金线	
固伦额驸			
藩属镇国公	红宝石	5颗东珠，上方2颗，其余三方各1颗	

藩属辅国公	红宝石	4颗东珠，四方各1颗	
民公	红珊瑚	4颗东珠，四方各1颗和硕额驸爵章用金地、勾勒金线	
和硕额驸			
侯	红珊瑚	3颗东珠，上、左、右各1颗	
伯	红珊瑚	2颗东珠，上、下各1颗	

子	红珊瑚	1颗东珠，镶嵌于上方	
男	红珊瑚	1颗红宝石，镶嵌于上方	

按照方案设计，宗室爵章和藩属、勋戚爵章的最大直径约为6.39厘米（营造尺二寸），厚度为0.4厘米（营造尺一分五厘），均不配绶带，爵章的背后有类似别针般的挂钩，采取如同大宝星一样的方式直接佩戴在胸前（佩戴的位置为左侧胸前，与正襟的第三颗纽扣平行的位置上）。制度设计中规定，爵章的颁发对象，仅限于担任军职的贵胄、勋戚，而且必须是在穿着军服时才能佩戴。[①]

载涛等奏呈爵章方案的1909年5月27日，清廷在当天即谕令批准颁行，同时命令直接由专司禁卫军训练大臣载涛专门负责爵章的制作、颁发。1909年出现的爵章，成了清王朝第一种不归外交部门主管的准勋章。

1909年当年10月14日，专司训练禁卫军大臣、郡王衔多罗贝勒载涛，筹办海军大臣、郡王衔贝勒载洵，专司训练禁卫军大臣、贝勒毓朗，以及不入八分辅国公衔镇国将军载博、溥侗等5名贵胄成为爵章的首批获得者，分别被颁授皇族爵章中的郡王、贝勒、不入八分辅国公爵章。以这次颁授实践来看，载涛、载洵都是以自己的郡王衔而获相应等级的爵章，说明了爵章的颁发标准似乎是按照"从高"原则，即使是虚衔也可作为核定颁发爵章等级的标准。

注①：
《奏定爵章图说》，清代印本.

此后1911年3月9日，陆军贵胄学堂蒙旗监学、土尔扈特部郡王帕勒塔受颁藩属郡王爵章，成为第一位获得藩属爵章的贵胄。6月22日，禁卫军军咨官、固伦额驸麟光获颁固伦额驸爵章，成为首位获得此种爵章的勋戚。

1911年岁末的12月22日，经载涛奏请，有关爵章的制作、颁发事务统一移交由内阁总管。此时由武昌首义而引起的各地反清革命纷起，清王朝已经处于风雨飘摇中，在军中任职的贵胄子弟们并未能挽救王朝的命运，寓意古远，象征着清王朝希望借助贵胄们巩固江山的贵胄章，只是在皇朝末日的历史中增添了一缕浅浅的余晖。

三、重建勋章

相比起设计、颁定都一路顺遂的爵位章，根据载涛上奏而开始研究拟定的勋章制度则要复杂得多。

载涛1909年奏请时，设想要创立皇族、战功、劳绩三个勋章种类，可能是考虑到战功勋章的颁授机会不多，外务部、陆军部、会议政务处三方会商时主要是围绕设立皇族、劳绩勋章而讨论，暂时略过了战功勋章。

起初，经有着双龙宝星制作、颁发经验的外务部主稿，拟定了一套以现成的双龙宝星制度作为基础而修订的勋章章程方案。其模式是套用原有的光绪二十三年版双龙宝星的五等十一级，取消其等第，专用十一级的分级模式。其中将最高等的第一、第二级设定为皇族勋章，第三至第十一级则作为劳绩勋章，因为设计劳绩勋章主要颁授给官员，考虑到官员有文武之别，每一级劳绩勋章中又分为文武两种不同的名目。

为体现制度之新，在原有的"双龙宝星"名称之上，对各级别勋章名称重新厘定。其中，作为皇族勋章的第一、二级，分别称为"正阳双龙宝星"和"清华双龙宝星"，第三至第十一级劳绩勋章刚好借用清代官员九品制度中的朝服补子图案中所绘的禽兽名称，诸如"仙鹤双龙宝星"、"麒麟双龙宝星"等，具体如下：

级别	宝星名称
第一级	正阳双龙宝星
第二级	清华双龙宝星
第三级	仙鹤双龙宝星、麒麟双龙宝星
第四级	锦鸡双龙宝星、灵狮双龙宝星
第五级	孔雀双龙宝星、神豹双龙宝星
第六级	云雀双龙宝星、白虎双龙宝星
第七级	白鹇双龙宝星、熊罴双龙宝星
第八级	鹭鸶双龙宝星、金彪双龙宝星
第九级	鸂鶒双龙宝星、犀牛双龙宝星
第十级	鹌鹑双龙宝星、驯象双龙宝星
第十一级	练雀双龙宝星、海马双龙宝星

这套勋章方案，将皇族、劳绩两类勋章种类混入到一整套的十一级勋章等级体系中，即将全国的各种勋章按照一套排序标准排列高低等第，可谓是创举。但是这套勋章体系的名目过于复杂，既没有明确体现出皇族勋章、劳绩勋章的大类范畴，也没有明确的勋章种类设计，而且套用了多达 20 个不同的勋章名称，令人目眩，显得过于庞杂，因而未被采纳。

新勋章制度的讨论、修改，一直持续到 1910 年末、1911 年初。仍然是由外务部为主拟定出了一套更完备的勋章制度，当年 3 月 20 日，由外务部、陆军部、会议政务处，以及新从陆军部中分离出来单设的海军部，共四个部门联名上奏，正式将这套勋章制度上呈清廷，所呈的文件共由三个部分组成，即有关勋章制度、名称的说明；勋章章程；勋章具体办法实施办法。

从制度设计的细节看，1911 年 3 月 20 日上呈的勋章制度，实际上是在前文所说的 11 级特殊的双龙宝星方案基础上进行修订、完善后的版本，二者之间存在非常明显的关联、传承性。

按外务部等上奏时的说明，因为鉴于原有的光绪二十三年版双龙宝星仅有一个种类，"宝星章程仅设双龙宝星一种，似嫌过简"，而且双龙宝星各个等级的形式区分并不十分明显，"宝星各等式样大同小异，亦未足以辨等威而昭区别"，这套新的勋章制度方案完全摒弃了沿袭已久的双龙宝星，彻底另起炉灶。

新勋章方案中，共设计了 5 个勋章种类，分为皇帝佩章、皇族勋章、臣工勋章三个性质，其中的皇族勋章、臣工勋章，分别对应载涛上奏重订勋章制度中所设想的皇族勋章和劳绩勋章的性质。而战功勋章依旧未涉及，按上奏中的说明，战功勋章将另外由陆军部、海军部详细拟定，"绘具图式，分列条目，另行具奏"。[①]

按方案设计，5 种勋章的名称分别为大宝章（皇帝佩章）；黄龙章、赤龙章（皇族勋章）；青龙勋章、黑龙勋章（臣工勋章）。其名称各有典故出处，作为皇帝佩章的大宝章是这套勋章制度体系中最为尊贵者，专用于君主佩戴，名称取自《易经》中的"天地之大德曰生，圣人之大宝曰位"中的"大宝"二字。其余分属皇族、臣工勋章的"黄龙"、"赤龙"、"青龙"、"黑龙"等名目，则是用于颁发给贵族、臣下乃至中外百姓佩戴，其名称借鉴了上古太昊伏羲以龙纪官的典故，"盖用古者伏羲以龙纪官，设黄龙、赤龙、青龙、黑龙诸官之说"，现代习惯称为"四色龙勋章"。

5 种勋章中，大宝章是君主用的皇帝佩章，此前在载涛上奏时未有涉及，属于勋章实际设计工作中的新创。黄龙章、赤龙章属于皇族勋章，主要用于颁赠给著有劳绩的皇族、贵胄，各只有一种级别，"黄、赤以待宗属，各一种"。值得注意的是，大宝章、黄龙章、赤龙章的正式名称中均称为"章"，而非"勋章"，一字之差，其实有非常特殊的寓意，意即"章"并不是为了赏勋而设，而主要是一种特殊身份象征，与为了表彰勋劳、功绩而设的"勋章"不同。

注① ：
《外务部总理大臣奕劻等为遵旨会议各项勋章事宜并拟定章程事奏折》《历史档案》1999 年第三期，第 75 页.

青龙勋章和黑龙勋章则是属于劳绩勋章性质的臣工勋章，用于颁赠文武百官、中外臣民，每种设有八个级别，"青、黑以锡群僚，区八等，以示赏必视功之义"，[①]性质和用意上类似于上一个方案中以官服补子上的飞禽走兽命名的各类双龙宝星，其青龙勋章的地位高于黑龙勋章。

延续了上一方案里的相关设定，这套勋章制度中拟定的 5 种勋章全部编入统一的等级排序中，以明辨级别高低，总共分为 19 级。勋章制度中，以贵胄、大臣等为主要的颁授对象，按此就每一级勋章所颁赠的范围进行了明确的规定，较为有趣的是，还根据官员的品级规定了各品级官员最高能够获得的勋章等级。

同时也规定，普通的百姓、外国人如果有特殊的立功情节，也可获得黑龙勋章，"臣民人等，如有实学堪深、裨益政教，或创办实业、众所推许者，及平民著有劳绩堪以优奖者，亦得酌量奖给黑龙勋章"。

在设立新的勋章制度的同时，方案中对原有的双龙宝星在新勋章出现后的去留也做了设计，即原获得双龙宝星的可继续佩戴，"本章未施行以前，凡赏有双龙宝星者，于本章施行以后仍可佩戴"，一些皇族高官的宝星可以比照更换为新勋章。由于这套新的勋章制度设计中，并没有说明各等级勋章（主要是高等级的皇族勋章）可以用于颁赠外国的王室乃至高级官员，有理由相信双龙宝星可能会在新的勋章制度施行后继续存在，专门作为一种颁授外国人的高等勋章。

原本根据载涛最初的奏请，未来涉及勋章的各项工作，将单独在内阁下成立一个专门机构进行管理。由于清王朝的中央机构改革尚在进行中，于是决定暂在外务部下设立勋章局，待未来内阁制度等完善之后，再将勋章局移归内阁管辖。

四、新式勋章的形式

以历史的眼光来看，清末 1911 年设计出台的这套勋章方案，是中国历史上难得的制度、形式都较缜密完善的勋章体系，其各等级勋章本身的设计，都有可圈可点之处，而且形式上出现了宝星（星章）、大绶、领绶、襟绶、勋表等多种内容，几乎涵盖了西式勋章的各主要形式，可谓是丰富多彩、体系完整。

大宝章

作为君主佩戴的大宝章，形式上属于大绶勋章，由主章、副章、绶带、勋表四部分组成。

大宝章的主章，为宝星形式，直接用于佩戴在胸前，材质为金质，由四

注① ：
《外务部总理大臣奕劻等为遵旨会议各项勋章事宜并拟定章程事奏折》《历史档案》1999 年第三期，第 75 页。

级　别	勋章名称	主要颁赠对象	图样（制图／巴超）
第一级	大宝章	皇帝	
第二级	黄龙章	爵位最崇之皇族	
第三级	赤龙章	和硕亲王以下至贝勒。 著有大勋劳的贝子、公、 一品大员可特旨赏给	
第四级	一等青龙勋章	有异常劳绩的贝子、公 及一品大员	

第五级	一等黑龙勋章	贝子、公、一品大员。著有勋劳的二品大员可特旨赏给	
第六级	二等青龙勋章	有异常劳绩的二品大员	
第七级	二等黑龙勋章	二品大员。著有勋劳的三品大员可特旨赏给	
第八级	三等青龙勋章	有异常劳绩的三品大员	

第九级	三等黑龙勋章	三品大员。著有勋劳的实缺四品大员可经专折奏请赏给	
第十级	四等青龙勋章	有异常劳绩的四品大员	
第十一级	四等黑龙勋章	四品大员。著有勋劳的实缺五、六品官员可经专折奏请赏给	
第十二级	五等青龙勋章	有异常劳绩的五品官员	

第十三级	五等黑龙勋章	五品官员。著有勋劳的实缺六、七品官员可经专折奏请赏给	
第十四级	六等青龙勋章	有异常劳绩的六品官员	
第十五级	六等黑龙勋章	六品官员。著有勋劳的实缺七、八品官员可经专折奏请赏给	
第十六级	七等青龙勋章	有异常劳绩的七品官员	

第十七级	七等黑龙勋章	七品官员。著有勋劳的实缺八、九品官员可经专折奏请赏给	
第十八级	八等青龙勋章	有异常劳绩的八、九品官员	
第十九级	八等黑龙勋章	八、九品官员	

个层次立体构成。在大宝章主章的居中，是圆形的主图区域，施黄色珐琅彩，其上的图案取自清代皇帝朝服上装饰的日、月、星辰、山、龙、华虫、黼、黻、宗彝、藻、火、粉米等十二章纹，寓意"取象三辰，昭备万物，洵足宣扬巍焕，表示尊严"。在由十二章纹构成的主图区域外围，环绕镶嵌 36 颗东珠，以符合三十六周天之数。

由东珠环绕的主图区域以外，是上下共三层八角星芒，第一层是蓝色珐琅彩的锐角星芒，第二层是红色珐琅彩的小星芒，穿插于蓝色星芒之间，最底层则是八角金色大星芒，大星芒的每个角由一长、六短七道光芒纹构成，

表面铭刻出类似钻石的菱形图案，极尽华丽。总体上寓意"四围珠饰，符经纬之周天重出；光芒普照，临于八极"。

大宝章的副章，用于佩戴在大绶带上使用。造型上相当于去掉金色大星芒的主章，中央主图区域正面是描画在黄色底上的十二章图案背面是黄色珐琅彩底上书写篆书"大宝章"三字铭文，周围镶嵌 36 颗东珠。主图之外衬托蓝、红两重八角星芒。副章上带有云纹形状的挂环及星状装饰，配用明黄色的大绶带，"以显中央之土德"。

勋表（Rosettes）是此前双龙宝星制度中从未出现过的新鲜事物，显示了对西方勋章制度更全面的了解和模仿。大宝章采用的勋表为小型圆纽式，和当时东邻岛国日本的勋章勋表样式非常相像，大宝章的勋表采用和黄色大绶带同色同质的材质盘绕而成，如同小纽扣一般，用于在穿着便服的场合佩戴。

黄龙章、赤龙章

黄龙章、赤龙章的设计十分相似，均为采用大绶的形式，由主章、副章、大绶带、勋表组成。

主章的中心圆形主图部分，装饰一条逐日飞龙纹，其中黄龙章为蓝底绘金龙，赤龙章则是白底绘红龙。在主图区域外围，黄龙章上镶嵌了 36 颗东珠，赤龙章上则镶嵌 36 颗金色珠形。中央主图区之外是三层八角星芒，第一层装饰是八角红色星芒，红色的星角间隙点缀由蓝色云纹图案构成的第二层独特的八角云纹星，最底层的装饰是八角金色大星芒，每个星芒尖由一长四短五道光芒纹构成，金色星芒上由錾刻成菱形格状的钻石纹装饰。

副章的构型相当于去掉了底部金色星芒的主章，主图部分背面带有金字篆书的"黄龙章""赤龙章"铭文，顶部带有云纹形挂环及挂环装饰，以佩戴于大绶带上。黄龙章的大绶带为金黄色，镶红色边，赤龙章的大绶带为金黄色，镶白色边。配套的勋表都与大绶的配色相符，黄龙章为金黄色圆纽状，赤龙章为中心金色、边缘白色的圆组状。

青龙勋章

作为臣工勋章中的高等勋章，青龙勋章分为八等，主图为黄底青龙图案，和清王朝国旗的配色相同，其绶带色为红色镶白边，各等级的绶带形式又各有区别，各等级勋章的具体设计如下：

一等青龙勋章。一等青龙勋章为大绶式，带有主章、副章、大绶带、勋表。主章中心的圆形主图区域内，是珐琅彩的黄底青龙，外围装饰珐琅白色八角星芒，星芒的轮廓施以金色线条，底下衬托八角金色大星芒，星芒的每个角由一长四短五道光芒纹构成。

2..一等青龙勋章副章。
（供图/Morton & Eden）

3.二等青龙勋章副章。
（供图/Spink）

1.七等青龙勋章。（供图/Spink）

2.八等青龙勋章。（供图/SBP）

一等青龙勋章的副章大致上就是主章去掉金色大星芒后的样式，主图区的背面有黄底金字篆书"青龙勋章"铭文，其挂环由云纹和八角星纹组成。所配套的大绶带为红色，镶白色边。勋表为圆纽状，颜色、质地仿大绶，中心为红色，边缘围绕白色。

二等青龙勋章。二等青龙勋章不配绶带。主章的样式和一等青龙勋章相仿，主要的区别是底部的金色大星芒改成了银色星芒。其勋表也是圆纽状，一半为白色、一半是红色。

三等青龙勋章。三等青龙勋章为领绶式，只配有领绶勋章和勋表。勋章的造型和一等青龙勋章的副章基本相同，挂环部分只有云纹，没有八角星装饰。配红色镶白边领绶，勋表为圆纽状，等分为四分，交错为红、白二色。

四等青龙勋章。四等青龙勋章为襟绶式，章体与三等青龙勋章相似，缀云纹形挂环，所配套的襟绶为红色镶白边，正面装饰有中红外白、质地与襟绶相同的圆形花结，称为"加结"。四等青龙勋章的勋表也是圆纽状，外圈左红右白，内里右红左白。

五等青龙勋章。五等青龙勋章的样式和四等相似，只是襟绶上不加结。圆纽状勋表外圈的左上、右下为红色，左下、右上是白色。内里的配色则相反。

六等青龙勋章。六等青龙勋章的造型和五等相似，星芒部分的线条、轮廓改为银色。勋表为"十"字结样式，上、下红色，左、右白色。

七等青龙勋章。七等青龙勋章的主图仍是黄底青龙，星芒部分不施珐琅彩，八角的最长星芒部分为金色。勋表采用"人"字结样式，上方红色，下方左右白色。

八等青龙勋章。在七等基础上，星芒部分全为银色。勋表为蝴蝶结式样，配色为左白右红。

黑龙勋章

黑龙勋章也共分为八等，主图都是青底黑龙图案，绶带配色为蓝色镶红边，各等级的大致设计如下：

一等黑龙勋章。一等黑龙勋章包括主章、副章、大绶带、勋表。主章中央圆形区内饰主图案部分，施珐琅彩。外围为柔和的叶片状八角星芒，表面着白色珐琅，主图区域的底部是造型略微夸张的金色八角大星芒，构成星芒的光芒纹也是叶片式，每个星角由一长六段共七道光芒纹构成，光芒纹上带有菱形刻纹装饰。一等勋章的副章是去除了金色大星芒的造型，带有云纹形挂环和八角星挂环装饰。其大绶带为蓝色镶红边，勋表为圆纽状，外圈红色，内心蓝色。

二等黑龙勋章。二等黑龙勋章不用绶，主章的大星芒改为银色，其他与一等勋章基本相同，勋表类似于同等级的青龙勋章，即蓝、红二色各一半。

三等黑龙勋章。三等黑龙勋章是领绶式，章体类似一等的副章，惟挂环上没有八角星装饰，领绶是红色镶蓝边，勋表与同等级的青龙勋章样式相同，色彩则改为蓝、红二色。

四等黑龙勋章。采用襟绶加结式，红色蓝边的襟绶上带有圆形的中蓝、边红花结，章体和三等黑龙勋章相似，尺寸略小，勋表与同等级青龙勋章相似。

五等黑龙勋章。与四等勋章略同，襟绶上没有花结，勋表和同等级青龙

3

勋章相似。

六等黑龙勋章。与五等相似，挂环、勋章上的轮廓线等改为银色，勋表和同等级青龙勋章相似。

七等黑龙勋章。与六等相似，星芒不施珐琅白，斜角的四个星芒的中心光芒纹为金色，勋表和同等级青龙勋章相似。

八等黑龙勋章。与七等相似，星芒全为银色，勋表和同等级青龙勋章相似。

颇具趣旨的是，在就勋章的制度、图式等拟制出方案的同时，1911 年由外务部等四部门会奏的这套勋章制度里，还就勋章的佩戴方式做出了专门的具体规定，是中国勋章史上非常珍贵的制度范例。

其佩戴方式明显参考了当时西方的勋章制度，按照其方案设定，除了外交场合遇有特殊情况外，原则上只有身着礼服时才能佩戴勋章。其中大绶章的主章佩戴在左侧胸前，大绶带从右肩披向左胁下，在绶带的末端挂配副章；领绶章则用绶带系于衣领下；襟绶章佩戴于左侧衣襟处。

当佩大绶章时，如果佩戴者同时有两座以上中国大绶章的，可以同时佩戴主章，但是大绶则只佩戴后受勋章的大绶及副章。如果同时有外国大绶章的，可以同时佩戴外国大绶章的主章，但是大绶带则只应佩戴中国大绶章的绶带，不用外国绶带。

当同时拥有同一种类的不同等级勋章时，只佩戴高等级的那一枚。当同时佩戴多枚不同勋章时，则按照时间顺序，后得的勋章佩戴在先前获得的上方或左侧。当同时拥有外国勋章时，外国勋章应当佩戴在中国勋章的右侧或者下方。

五、终曲

传统的研究认为，清末拟定的这套勋章方案，由于产生的时间过晚，并未得到正式颁行。然而事实上，当外务部等于 1911 年 3 月 20 日上奏之后，旋即获批准。随后，外务部等机构即着手实施新勋章颁行的各种准备工作。

由于这套勋章制度所牵涉的面极为广泛，几乎涵盖了清王朝所有地方、军队的官员，所需要制发的各等级勋章数量非常庞大，不可能再如同双龙宝星那样先颁奖、后制作，而有必要大量预制备用。据一些实物史料显示，新勋章的章程、图说当时被送至奥匈帝国首都维也纳印刷，据称相关的勋章也在欧洲开始定做。然而可能因为制作需时，直到清王朝覆灭，这套勋章一直待字闺中，没有正式颁发，相关的勋章局也并未成立，出现在各种勋奖活动中的仍然是传统的双龙宝星。

1911 年 10 月 10 日晚，清军第八镇工程营、第二十九标及第二十一混成协辎重营等部的革命士兵，在湖北武昌成功发动反清起义，于第二天成立了"中华民国"军政府，并推举二十一混成协协统黎元洪为鄂军都督，辛亥革命爆发。

闻讯之后，清王朝旋即命令陆军大臣荫昌、海军提督萨镇冰、长江水师提督程允和等指挥海陆军前往湖北镇压，又紧急启用袁世凯为两湖总督节制各军平乱。然而推翻清王朝的专制统治已成大势所趋，自武昌首义之后，南昌、上海、苏州、杭州、福州等地，相继爆发反清革命，呈现出一派星火燎原之势。至1912年1月1日，反清革命成功的南方各省经联合会议，在南京宣布成立中华民国临时政府，孙文就任临时大总统，受内外重重压力的不断迫使，清王朝于1912年2月12日由隆裕太后颁懿旨，宣布让位，"今全国人民心理多倾向共和，南中各省既倡议于前，北方诸将亦主张于后，人心所向，天命可知，予亦何忍因一姓之尊荣，拂兆民之好恶，是用外观大势，内审舆情，特率皇帝将统治权公诸全国，定为共和立宪国体……"。[①]

随着清王朝覆灭，尚未来得及正式颁发的新式勋章胎死腹中，作为清王朝唯一现行国家勋章的双龙宝星也黯然奏响终曲，有史可考的双龙宝星的最后颁发记录，发生在1911年12月11日，当天向大东、大北电报公司洋员以及日本商人高木洁、俄国医生萨巴罗尼等颁发宝星，几个月之后清帝即宣告退位。

新旧朝代更迭之际，由于事出突然，新生的政府在很多制度设计方面都流露出草草模仿前朝的特点，也因此，夭折的清王朝勋章此后出现了一段"死而复生"的奇特历史。

1912年7月29日，新政府颁布了第一套勋章制度《勋章令》，以及具体实施办法《勋章条例》。按照其规定，民国的勋章包括大勋章和嘉禾勋章两种。

1. 由民国大总统黎元洪墓中出土的大勋章主章实物，照片为勋章的背面，可以看到"大勋章"三字铭文。（收藏/湖北省博物馆）

2. 由黎元洪墓出土的大勋章副章实物，可以看到正面的"十二章"图案。（收藏/湖北省博物馆）

1

2

注①：
《光绪宣统两朝上谕档》37，广西师范大学出版社1996年版，第432页。

1.大总统袁世凯的礼服标准相，照片中袁世凯胸前最上方那枚勋章就是形制模仿清代大宝章的大勋章。

2.民国陆军上将段祺瑞礼服相，照片中胸前所配的最上方的勋章是民国的勋位章，造型和清代的藩属爵章如出一辙。

3.曾任民国北京政府国务院秘书长的薛笃弼，胸前所配的下方那枚勋章是民国的嘉禾勋章，总体造型和清末的青龙勋章相仿。

颇为不寻常的是，其中设定的大总统所佩戴的大勋章，实际上就是清末1911年清政府勋章方案中所设计的皇帝所用的大宝章，唯有的区别就是挂章背后的铭文改为篆书"大勋章"，配套的大绶带改为象征汉族的红色绶带。而分列为9等的嘉禾勋章，实际上一至八等的整体造型就是1911年清政府勋章方案中所设计的第一至第八等青龙勋章，而九等嘉禾则是采取了八等黑龙勋章的造型，所做的主要变化只是将中心主图改换成珐琅彩的嘉禾图案，另外将绶带、勋表的配色进行了重新设定。之所以出现这种"拿来主义"的借用情况，或许是清末新式勋章当时已经有一定的制成品或半成品库存，新生的民国于是就省去麻烦，直接运用这些现成品。

转年过后的1913年1月13日，民国政府颁布《勋位授予条例》，所谓勋位，类似于帝制国家的爵位，《勋位授予条例》中规定随勋位会颁发勋位章，而其样式又几乎是完全模仿了清末的藩属爵章，所出现的变化只是对原来爵章上的黄、青、红、白、黑五色的寓意进行了重新诠释，从传统的象征国家的五方颜色，改为象征满、汉、蒙、回、藏五族共和，对应将爵章上五色的摆布进行了调整，改为象征汉族的红色居中，其余十字章上的配色为黄（满）上、黑（藏）下、白（回）左、青（蒙）右。

4

除大宝章、青龙勋章、八等黑龙勋章以及藩属爵章在民国时代被借用或仿制外，工艺相对复杂且没有大量制成品预备的双龙宝星，未再重新出现。

1927年，民国南京国民政府成立，对此前的勋章、勋位章一律作废取缔，颁定了全新的勋章。至此，在民国后又以特殊形式延存的清代勋章正式归入历史。不过，清末从金宝星—双龙宝星—新式勋章的实践，其所积累的制作工艺、勋章制度、颁发实务等方面的经验，已经使得中国人对西式的勋章制度体系不再陌生，完成了从传统勋奖制度向西式勋章制度过渡的历史嬗变。

4.仿制于青龙勋章的嘉禾勋章。

5.北洋时期的勋一位章实物。勋一位章的前身是晚清的和硕亲王爵章。

5

附录 2

宝星大事记

后记

摘要

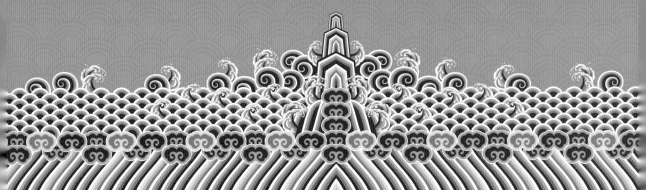

清代宝星勋章相关重要史料汇纂

附录1：清代宝星勋章相关重要史料汇纂

001. 李鸿章奏奖外国官弁片

同治元年十一月十八日

（1863年1月7日）

再，钦奉九月二十五日上谕：李鸿章奏中外官军克复嘉定县城，乘胜击退援贼一折，此次英国提督何伯与李鸿章谋定后动，将士辑睦，崇朝而下坚城，法国官兵亦奋勇争先，出力剿贼，均克尽友邦之谊，著李鸿章传旨嘉奖等因。钦此。

臣当即钦遵传旨嘉奖，该两国官弁等莫不欢欣鼓舞，感激恩施，以为荣宠。惟查自中外会防以来，英国领事麦华佗、法国领事伊担，不分畛域，遇事筹商，曾经劝谕洋行捐造炮台、开筑壕墙，工程浩大，办理迅速。其两国会剿之兵弁、房屋、夫船、供应一切费用，虽由中国筹备，而西兵粮饷皆系该国自行给发。英国水师提督何伯、陆路提督士迪佛立、翻译官阿查里、法国水师提督伏恭等奋勇争先，不辞艰险，迭次助剿，克复坚城。

窃惟中国出力员弁，皆职分应为之事，我国家酬庸有典，犹且细大不遗，矧在远国外臣，视同己事，摧坚陷阵，卓著战功，酌理衡情，似难没其劳绩。可否悬恩饬下总理各国事务衙门，照会两国驻京公使回奏该国，酌给议叙，以示我朝行赏论功中外一体之意。其余两国出力员弁，即由臣饬令会防局，仿照该国功牌式样，另铸金银等牌若干面，分别酌给佩带，宣布皇仁，俾知感奋。臣为柔远旌功起见，是否有当，伏乞皇上圣鉴训示。

谨会同头品顶戴办理通商大臣臣薛焕附片具奏。

同治元年十二月初四日，议政王军机大臣奉旨：钦此。

002. 奕訢等又奏议覆崇厚请以宝星等奖英法助战各员折

同治二年三月十九日

（1863年5月6日）

恭亲王等又奏：

臣等查外国领事等官出力助剿，叠获胜仗，身受矛伤，自应量给奖励，以昭激劝。惟以外国之人，给予中国勇号，不独于体制不合，且恐该领事因勇号仅属虚名，虽经中国破格给予，其意仍多未协，不如查照上年英国提督暨翻译官在江苏助剿出力成案，由总理衙门照会英国公使转奏该国君王酌给奖叙，较为妥恰。当经函商崇厚去后，兹据崇厚覆称：该领事情愿只领功牌，并不敢别有希冀等语。自系可以允准，惟查外国向有宝星名目，与中国功牌相似，不过制造精工。现经崇厚商请，拟造一两四钱重金宝星一面，予吉必勋；再造一两二钱重及一两重金宝星二面，分给克逎、徐伯理；再造一两重银牌十二面，分给分教瑞克斯等各员。宝星式样，背面作双龙形；银牌式样，背面作螭虎文，正面皆铸御赐字样，给该领事等分别只领，以示优异各等语。

臣等查崇厚所请尚属可行，如蒙俞允，当由臣等知照崇厚照式铸造，分别只领，俾得仰沐恩施。

至克逎等应给薪工银两，现据崇厚函称：查照上海章程，分别等差，按两个月酌给，共计统教、分教人等分给洋银一千一百八十圆。应请饬下崇厚照章发给，务须敷实支放，毋得虚糜。

御批：依议。

003. 总理各国事务衙门为厘定宝星章程请旨遵行折

光绪七年十二月十九日

（1882年2月7日）

谨奏为厘定宝星章程请旨遵行以昭慎重恭折仰祈圣鉴事。

窃，臣等于本年八月二十四日奏请赏给英国使臣威妥玛等宝星折内声明：再由臣等厘定等第，酌拟章程，奏明奉旨后制造颁给等因。奉旨：依议，钦此。钦遵在案。

查，泰西各国行用宝星，大抵视品级之崇卑，定礼文之隆杀，约言其制，则有四端：

一曰名目。各国张挂旗帜制度，各有不同，中国之旗帜向例以绘画龙文为识，现拟仿照此例，于宝星之上錾以双龙，即命名曰双龙宝星。自头等第三以下，皆于上面錾"大清御赐"四字。其头等第一、第二系特表优异之典，不得率行滥请。

一曰等第。各国之宝星有国君自行佩带，因赠予与国之君者；有颁赐臣下而推及于与国之臣下者，分际迥殊，等威不一，现拟将宝星分列五等，并于头、二、三等中每等再分三级，计次序之数共十有一，即于宝星上錾刻清文，注明等第字样。自国君以至于工商人等，各如其分以相酬，庶名器不至滥邀，而更免畸重畸轻之弊。

一曰藻饰。我朝之有品级，考例意綦严，故上自王公，下及生监，向以顶戴别尊卑，现拟参用此意，于宝星之上镶嵌珠宝一颗，分其颜色，以示区别。

一曰执照。各国每遇发给宝星之时，除应行之文书外，另备执照一纸，给本人收执，以为凭，现拟于宝星执照内前半恭录允准厘定宝星之谕旨，后半填写承领执照之人姓名、籍贯，叙明因何给予之故，暨给予之年月日。其头等第一、第二未便加用执照，应由臣衙门知照各国外部大臣，分别转赠移送。

其头等第三以下，应用执照，则盖用臣衙门关防。此后本人若有劣迹经本国斥退者，仍将宝星执照一律追缴。

其余尺寸之大小，绦带之短长，亦各随等第以判低昂。

以上所拟各条，考之各国崇尚宝星之例，立法虽异，立意则同，要皆因时制宜，以期折衷至当，谨开列清单，酌拟执照格式暨宝星式样绘图，恭呈御览。嗣后凡遇颁赏头、二等宝星，奉旨后均由臣衙门制造颁给，其三等以下宝星何处奏请颁赏，即由何处照式制造颁给，仍知照臣衙门盖用关防发给执照，以备稽核。如蒙俞允，应由臣衙门照会各国使臣暨知照南北洋大臣、各省督抚、出使各国大臣一体遵照办理。

是否有当，伏乞皇太后、皇上圣鉴训示施行。

谨奏。

光绪七年十二月十九日具奏，军机大臣奉旨：依议，钦此。

谨将宝星章程开列清单恭呈御览：

头等第一，专赠各国之君。

头等第二，给各国世子、亲王、宗亲、国戚等。

头等第三，给各国世爵大臣、总理、各部务大臣、头等公使等。

二等第一，给各国二等公使等。

二等第二，给各国三等公使、署理公使、总税务司等。

二等第三，给各国头等参赞、武职大员、总领事官、总教习等。

三等第一，给各国二、三等参赞、领事官、正使随员、水师头等管驾官、陆路副将、教习等。

三等第二，给各国副领事官、水师二等管驾官、陆路参将等。

三等第三，给各国翻译官、游击、都司等。

四等，给各国兵弁等。

五等，给各国工商人等。

头等应用赤金地、法蓝双龙。第一中嵌珍珠，金龙金红色带。第二中嵌红宝石。第三中嵌光面珊瑚，俱银龙大红色带。

二等应用赤金地、银双龙，中嵌起花珊瑚，黄龙紫色带。

三等应用法蓝地、金双龙，中嵌蓝宝石，红龙蓝色带。

四等应用法蓝地、银双龙，中嵌青金石，绿龙酱色带。

五等应用银地法蓝龙，中嵌砗磲，蓝龙月白带。

头等宝星式尚方，计营造尺长三寸三分，宽二寸二分。

二等以下宝星式尚圆，二等径二寸七分，三等径二寸五分，四等径一寸九分，五等径一寸六分。

其上皆有环首。

头二等带均长一尺三寸，宽一寸五分，两头有穗丝绳束结。三等带长一尺三寸，宽一寸五分。四、五等带均长五寸，宽一寸一分。

1

1

龙星初晖——清代宝星勋章图史

1.出自光绪十二年版《通商条约章程成案汇编》第十六卷的光绪七年版双龙宝星及宝带图样。

1

004. 曾纪泽关于增设宝星大绶咨文
光绪十年

（1884年）

钦差出使英法俄国大臣、一等毅勇侯曾咨开：

上年四月二十一日承准总理衙门钞咨：奏请厘定宝星等第，酌拟章程一折，钦奉谕旨依议，钦此。钞录原奏，并将印刷章程及绘出之双龙宝星、佩带等第各图式咨行遵照等因。

比经本爵大臣将奉发章程饬由翻译官译就法文后，连同所绘宝星等第各图式，于巴黎书局排印成书，业经分送查核在案。

嗣因西洋各国所赠宝星，均以斜络大带为等第尊贵之据，章程未经载明，复经函询总理衙门覆示：斜络大带听凭自制。

适有巴西公使喀拉多到法，询问佩带宝星斜络大带之式，本爵大臣按照总理衙门覆示之意，照会喀公使，声明本国之头等第一、第二、第三暨二等第一双龙宝星均可佩用斜络大带，大带络于右肩，宝星垂于身左，其斜络大带颜色、花纹仍照总理衙门原定小带之式，酌量展放合宜尺寸，自制佩带。并照会英法俄三国外部查照，以昭画一。

005. 总理衙门奏
光绪二十二年三月廿一日
（1896年5月3日）

臣衙门光绪七年奏定宝星章程，内开：头等第二给各国世子、亲王、宗戚等，头等第三给各国世爵大臣、总理各部务大臣、头等公使等，通行各省，历经遵照办理在案。

近日邦交加密，颁赐宝星之案比旧增多，洋员职分崇卑不能不详悉查考，以免畸重畸轻之弊。近接出使大臣许景澄函陈：洋人爵分五等，其首等曰浚林次，略如中国王爵，为世子及近支亲王通称，而近支亲王与疏远世袭之王，体制迥异。亲王礼同储贰，世爵但据以标门望，官秩并不加崇，如各国驻使之世袭者，即援世爵大臣字样，越请头等宝星，恐无以为酬奖彼国宰相、部院大臣之地，应请于章程内立案声明，头等第二宝星专赠给各国世子并近支亲王，凡例袭王爵者不在此例。其头等第三宝星，应以部院大臣、头等公使为断，庶二等公使有爵者不能援照等语。

臣等覆加查核，所言甚有条理，与原奏慎重厘定、分别等威之义亦属相符，惟事关奏定章程，应仍奏明请旨，如蒙俞允，即由臣衙门立案通行，一律遵办。

得旨：如所议行。

006. 总署奏改定宝星式样请旨遵行折（附章程）
光绪二十三年二月十一日
（1897年3月23日）

奏为酌定宝星式样请旨遵行恭折仰祈圣鉴事

窃臣衙门于光绪二十二年三月二十一日复奏请将头等第二第三宝星颁给限制立案声明，奉朱批"依议钦此"。

近日邦交益密，往来赠答事类繁多。上而列国君主之周旋，下及贵戚臣工之颁赐，典仪所在，义贵精详。宝星取象列星，外国制造多位光芒森射之形，以显昭明而彰华贵。中国旧式形方且重，与内地功牌相近，外人往往以艰于佩用，似无以达彼向风拜宠之忧。

臣鸿章奉使欧洲，于请旨颁给洋员宝星案内，曾将应行厘定附片陈明在案。现臣等公同酌议，嗣后宝星式样应请量与变通，参酌欧洲各国通行式样，加以星芒，改制精工铸造，籍示恩荣。其名目、藻饰、鏨刻，一切均照旧章。其铸造，拟选募津沪良工，范以银模，俾臻精美。其大小佩带，均无庸加绣龙形似。此斟酌变通，其于樽俎雍容颇为宜称，亦慎固邦交之一道。

谨将新拟宝星式样绘图恭呈御览，如蒙俞允，即由臣衙门遵照改造。照会各国使臣，暨知照南北洋大臣、各省督抚、出使大臣，一体遵照办理。是否有当，伏乞圣鉴。

谨奏

奉朱批依议图留中钦此，谨将改定宝星章程恭陈御览。

改定宝星章程

头等第一专赠各国之君。

式样应用赤金地，法绿龙起金鳞，上嵌大珍珠一颗，团龙内中心嵌小珍珠一颗，沿边用小珍珠镶嵌一围，赤金星芒。佩带副宝星亦用绿龙起金鳞，中嵌珍珠一颗，外镶小珍珠一围。金红色带。

头等第二，专赠各国世子并近支亲王。

式样应用金地，法绿龙起金鳞，上嵌光面小红珊瑚，中嵌光面大红珊瑚，珊瑚之外镶小珍珠一围，赤金星芒。佩带副宝星亦用绿龙起金鳞，中嵌光红珊瑚，上嵌小珊瑚。大红色带。

头等第三，专给各国世爵宰相、部院大臣、头等公使。

式样应用金地，法绿龙起金鳞，上嵌光面小红珊瑚，中嵌光面大珊瑚，云头内各镶小珍珠共八颗，赤金星芒。佩带副宝星亦用绿龙起金鳞，中嵌光面红珊瑚，上嵌小红珊瑚。大红色带。

头等第三以下均有御赐字样。

二等第一专给各国二等公使。

式样应用金地，起鳞金龙，上嵌小珊瑚，中嵌起花大珊瑚，银星芒。佩带副宝星亦用金地、金龙，中嵌起花珊瑚，上嵌小红珊瑚。紫色带。

二等第二，给各国三等公使、署理公使、总税务司等。

式样应用金地、金光龙，上嵌小珊瑚，中嵌起花大珊瑚，银星芒。佩带副宝星亦用金地、金光龙，中嵌起花珊瑚，上嵌小红珊瑚。紫色带。

二等第三，给各国头等参赞、武职大员、总领事官、总教习等。

式样应用金地、起鳞银龙，上嵌小珊瑚，中嵌起花大珊瑚，银星芒。佩带副宝星亦用金地、起鳞银龙，中嵌起花珊瑚，上嵌小珊瑚。紫色带。

三等第一，给各国二、三等参赞，领事官、正使随员、水师头等管驾官、陆路副将、教习等。

式样应用法绿地、金光龙，中嵌蓝宝石，上嵌小红珊瑚。自三等以下均无佩带。

三等第二，给各国副领事官、水师二等管驾官、陆路参将等。

式样应用法绿地、起鳞银龙，中嵌蓝宝石，上嵌小红珊瑚。

三等第三，给各国翻译官、游击、都司等。

式样应用法绿地、银光龙，中嵌蓝宝石，上嵌小红珊瑚。

四等，给各国弁兵等。

式样应用法蓝地、银光龙，中嵌青金石，上嵌小红珊瑚。

五等，给各国工商人等。

式样应用银地、绿光龙，中嵌砗磲，上嵌小红珊瑚。

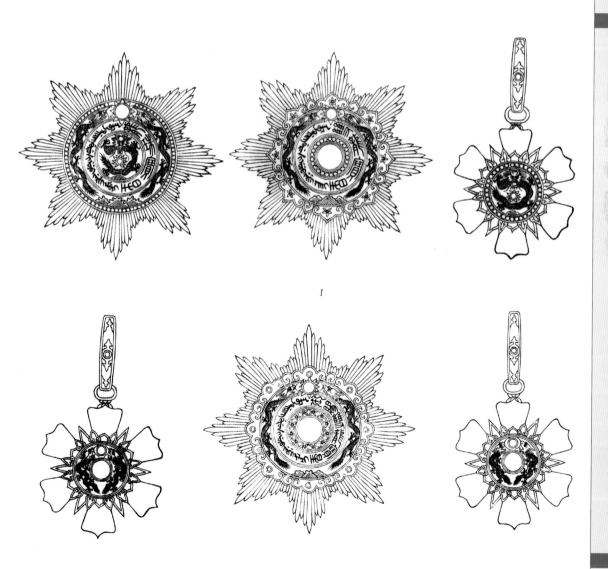

1

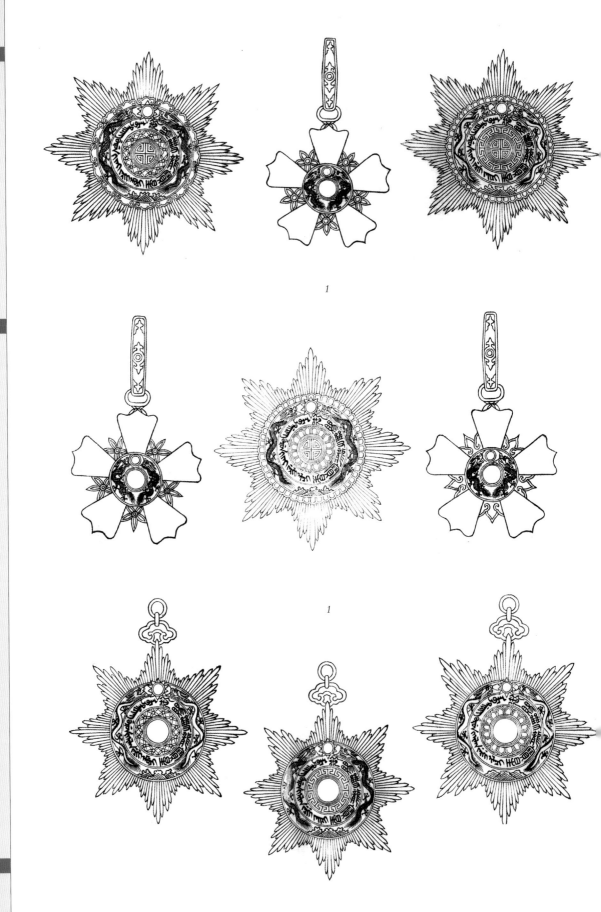

1

1

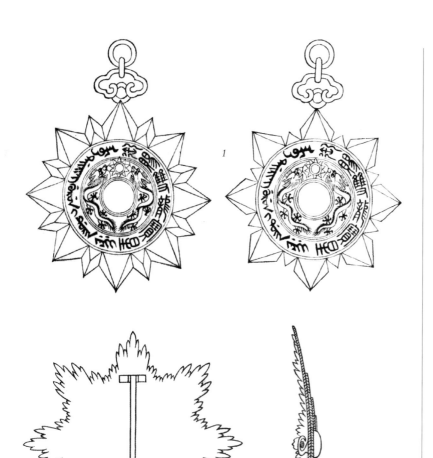

1.出自《双龙宝星图说》的
光绪二十三年版双龙宝星
图样。

2.出自《双龙宝星图说》的
光绪二十三年版头等宝星
后视图。

3.出自《双龙宝星图说》的
光绪二十三年版头等宝星
纵剖图。

4.出自《双龙宝星图说》的
光绪二十三年版头等宝星
副章后视、纵剖图。

5.出自《双龙宝星图说》的
光绪二十三年版三等双龙
宝星后视、剖视图。

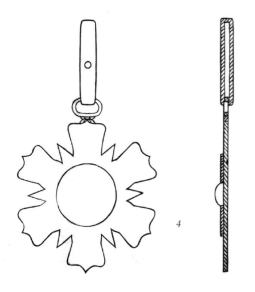

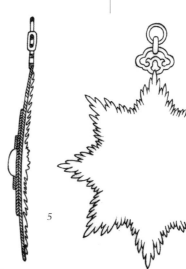

007.爵章图说
宣统元年四月九日
（1909年5月27日）

专司训练禁卫军大臣、郡王衔多罗贝勒、奴才载涛等跪奏：

为遵旨妥拟具奏恭折仰乞圣鉴事。窃，奴才等于宣统元年闰二月十二日附奏，请饬拟定亲王以下、奉恩将军以上各级爵章一片，本日准军机处钞交军机大臣奉谕旨：著训练禁卫军大臣详慎妥拟具奏等因，钦此。

钦遵钞交前来，仰见圣主慎重典章，询及刍尧之至意，跪读之下，钦悚莫名。奴才等窃思爵章一项，所以表天潢之贵，显品秩之尊，非上稽古意、近溯隆规，不足以辨等威而昭宠锡。

伏维宗亲世胄、屏藩王室带砺河山，剖符析圭，典至隆钜。史载周成王七年立大社，东青土、南赤土、西白土、北骊土、中黄土，注曰：凡建诸侯，鑿取其方一面之土，苞以白茅，苴以黄土，以为土封。盖黄土位在中央，取不忘中朝之义；白茅可以缩酒，常供祭祀之诚，后人所谓土分茅，盖即本此。又，史载成王以桐叶封弟叔虞。本朝册封宗爵间沿用桐封之语，以为锡命之荣。今之亲、郡王、贝勒、贝子、将军及藩属王公、勋戚公侯伯子男等爵，即古之诸侯也，所佩爵章拟即采取土色、方位以定规型，中绘白茅枝叶以为藻饰，而皇族爵章则宜用桐叶参错于土色之间，俾表殊荣，而符名实。至外藩蒙古王公等爵，数百年来奉事中朝，世为藩守，列圣怀柔抚驭，莫不彤卢布命，上等宗支，又自民公以下，爵分五等，或系椒房贵戚，或为辅治勋臣，朝廷圭瓒锡封，待遇极为优渥，即固伦额驸、和硕额驸皆服贝子公章服，谊属国戚，名位较亲，均宜特示优隆，用彰旷典。奴才等公同商酌，藩属王公暨五等世爵、额驸等，将来与乎军事者自不乏人，似应一律颁给爵章，俾昭荣宠。按，唐宋时，朝贵每以金缯肖牡丹花形，饰诸冠帽，一时有富贵花之称，是藩属、勋戚爵章宜用牡丹花、叶式参错于土色之间，以为采饰。

爵章所饰东珠、宝石兼仿会典朝冠、吉服冠之式，递分等级。至藩属王公爵章应与勋戚爵章花式一律，而珠数、缘饰则一依亲王等定制，其固伦额驸爵章即比照藩属贝子，和硕额驸爵章即比照民公，均用牡丹花式，惟改镀金色，以便识别。

谨将爵章式样绘图列说，开具清单，恭呈御览，伏候钦定。

再，查奴才等原奏内称，此后每遇校视兵操并随从大阅，均应戎服、佩刀，若无相当爵章，未免漫无区别，请按级分定爵章等语。应请嗣后此项爵章非著军服者不准缀用，至爵章制造、式样宜求精致划一，应由何处专管以便制发之处，奴才等未敢擅拟，恭候圣裁。

此外未经拟定各项，由奴才等随时体查情形，陆续具奏，合并陈明。所有奴才等遵旨妥拟具奏缘由，理合恭折具陈，是否有当，伏乞皇上圣鉴训示。谨奏。

宣统元年四月初九日

专司训练禁卫军大臣、郡王衔多罗贝勒奴才载涛

专司训练禁卫军大臣、多罗贝勒奴才毓朗

宣统元年四月初九日，内阁奉上谕：贝勒载涛等奏，遵拟王公等佩带爵章式样一折，尚属周妥，著即由该专司训练大臣等制造呈览，嗣后凡王公世爵入军队者，一律由该大臣等遵照此制发给佩带，以示区别品级之意。钦此。

皇族爵章

1. 亲王

亲王爵章，范金为之，或银质镀金。中作圆形，用黄色珐琅，绘白茅一株于上，正中照吉服冠式，嵌红宝石一。四周各出一方角，上丰下锐，用青、白、红、黑四色珐琅饰之。方角之外，周以绿色桐叶八页，金色线纹。方角上照朝冠座嵌珠式，饰东珠十。

1

2. 郡王

郡王爵章正中照吉服冠式，嵌红宝石。方角上照朝冠座式，饰东珠八。余同上。

3. 贝勒

贝勒爵章正中照吉服冠式，嵌红宝石。方角上照朝冠座式，饰东珠七。余同上。

4. 贝子

贝子爵章正中照吉服冠式，嵌红宝石。方角上照朝冠座式，饰东珠六。余同上。

2   *3*   *4*

1. 出自《爵章图说》的亲王爵章图样。

2. 出自《爵章图说》的郡王爵章图样。

3. 出自《爵章图说》的贝勒爵章图样。

4. 出自《爵章图说》的贝子爵章图样。

附录1　清代宝星勋章相关重要史料汇纂

191

龙星初晖——清代宝星勋章图史

5. 出自《爵章图说》的镇国公爵章图样。

6. 出自《爵章图说》的辅国公爵章图样。

7. 出自《爵章图说》的不入八分镇国公爵章图样。

8. 出自《爵章图说》的不入八分辅国公爵章图样。

9. 出自《爵章图说》的镇国将军爵章图样。

10. 出自《爵章图说》的辅国将军爵章图样。

11. 出自《爵章图说》的奉国将军爵章图样。

12. 出自《爵章图说》的奉恩将军爵章图样。

5. 镇国公

镇国公爵章正中照吉服冠式，嵌红宝石。方角上照朝冠座式，饰东珠五。余同上。

6. 辅国公

辅国公爵章正中照吉服冠式，嵌红宝石。方角上照朝冠座式，饰东珠四。余同上。

7. 不入八分镇国公

不入八分镇国公爵章正中照吉服冠式，嵌珊瑚。方角上照朝冠座式，饰东珠五。余同上。

8. 不入八分辅国公

不入八分辅国公爵章正中照吉服冠式，嵌珊瑚。方角上照朝冠座式，饰东珠四。余同上。

9. 镇国将军

镇国将军爵章正中照吉服冠式，嵌珊瑚。方角上照朝冠座式，饰东珠一。余同上。

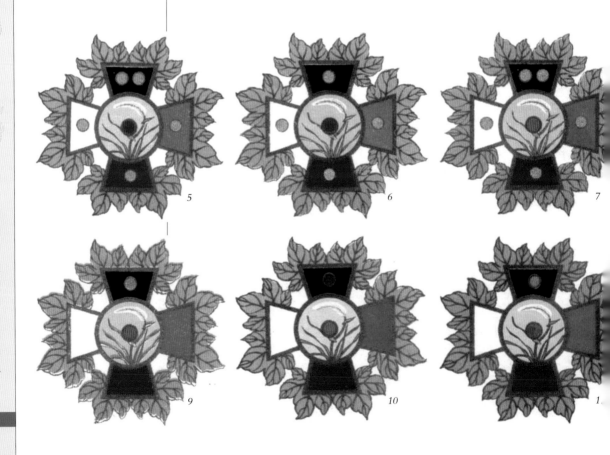

5   6   7

9   10   1

10. 辅国将军

辅国将军爵章正中照吉服冠式,嵌宝石。方角上照朝冠座式,饰红宝石一。余同上。

11. 奉国将军

奉国将军爵章正中照吉服冠式,嵌蓝宝石。方角上照朝冠座式,饰珊瑚一。余同上。

12. 奉恩将军

奉恩将军爵章正中照吉服冠式,嵌青金石。方角上照朝冠座式,饰蓝宝石一。余同上。

藩属爵章

1. 藩属亲王

藩属亲王爵章,范银为之。中作圆形,用黄色珐琅,绘白茅一株于上,正中照吉服冠式,嵌红宝石一。四周各出一方角,上丰下锐,用青、白、红、黑四色珐琅饰之。方角之外,周以紫色牡丹四,衬以绿叶,银色银纹。方角上照朝冠座嵌珠式,饰东珠十。

2. 藩属郡王

藩属郡王爵章正中照吉服冠式,嵌红宝石。方角上照朝冠座式,饰东珠八。余同上。

3. 藩属贝勒

藩属贝勒爵章正中照吉服冠式,嵌红宝石。方角上照朝冠座式,饰东珠七。余同上。

8

12

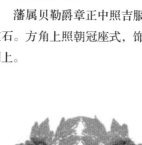

1

2

4. 藩属贝子（固伦额驸同，惟银线改金线）

藩属贝子爵章止中照吉服冠式，嵌红宝石。方角上照朝冠座式，饰东珠六。余同上。

5. 藩属镇国公

藩属镇国公爵章正中照吉服冠式，嵌红宝石。方角上照朝冠座式，饰东珠五。余同上。

6. 藩属辅国公

藩属辅国公爵章正中照吉服冠式，嵌红宝石。方角上照朝冠座式，饰东珠四。余同上。

勋戚爵章

1. 民公（和硕额驸同，惟银线改金线）

民公爵章正中照吉服冠式，嵌珊瑚。方角上照朝冠座嵌珠式，饰东珠四。余同上。

2. 侯

侯爵章正中照吉服冠式，嵌珊瑚。方角上照朝冠座式，饰东珠三。余同上。

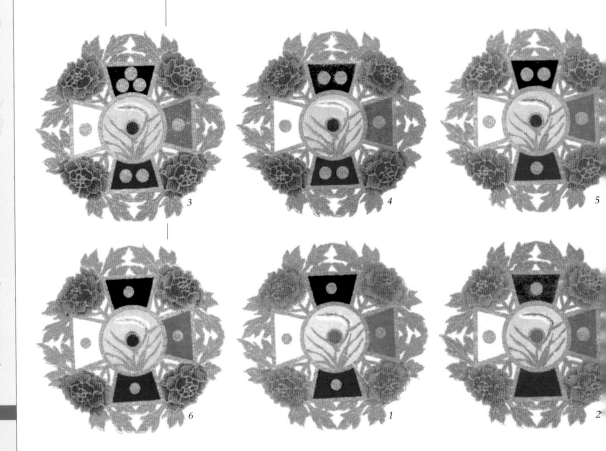

3.伯

伯爵章正中照吉服冠式，嵌珊瑚。方角上照朝冠座式，饰东珠二。余同上。

4.子

子爵章正中照吉服冠式，嵌珊瑚。方角上照朝冠座式，饰东珠一。余同上。

5.男

男爵章正中照吉服冠式，嵌珊瑚。方角上照朝冠座嵌宝石式，饰红宝石一。余同上。

以上各项爵章土色均按黑上、红下、青左、白右、黄居中央，以符五方之位。嵌珠、石处有寔曰以衔之，周以金银线边，背面各安长钩一，用时缀于衣襟左方，与第三纽平，其形式拟直径营造尺二寸，横径相等，厚一分五厘。

3.出自《爵章图说》的伯爵爵章图样。

4.出自《爵章图说》的子爵爵章图样。

5.出自《爵章图说》的男爵爵章图样。

008.外务部总理大臣奕劻等为遵旨会议各项勋章事宜并拟定章程事奏折
宣统三年二月廿日
（1911年3月20日）

奏为遵议各项勋章并拟定章程恭折会陈仰祈圣鉴事。宣统元年闰二月十二日准军机处片交军机大臣钦奉谕旨：贝勒载涛等奏请饬拟各项勋章一折，著外务部、陆军部、会议政务处议奏等因，钦此。钦遵抄交前来。

查原奏内称：各国勋章概分皇族、战功、劳绩等类，每类各分若干等。皇族勋章惟近支有显爵者得以佩之；战功勋章，体制最重，非实在立功疆场者未能轻畀，盖非徒饰外观，亦 且随有俸糈；劳绩勋章，各项出力人员皆得与乎。其选战功、劳绩两项，视功绩之大小，定等第之高下，进则升而退则降，罪则夺而故则缴，事属于赏勋局，局隶于内阁。勋章执照君

主签字钤章，此项勋章确有激励人才之妙用，中国似宜仿行等语。

3

4

5

臣等窃查前总理衙门奏定各项宝星章程，原取各国勋章之制，为外交锡予之资，近年以来亦已推及臣工，惟宝星章程仅设双龙宝星一种，似嫌过简，各国勋章率皆设有数种，虽不显分轩轾，而此之一种常稍亚于彼之一种，种类多而等差之辨精，期赏责之重轻易于适当。又，宝星各等式样小异大同，亦未足以辨等威而昭区别。方今冠赏和会，觿（角枲）争荣，人士观摩，喁望恩泽，允宜遐稽古义，近取新规，斟酌详明，及时修订。臣等公同商榷，谨拟皇帝佩章一种、皇族勋章二种、臣工勋章二种，敬将用意为我皇上陈之。

自《虞书》作服垂十二章，历代相沿，稍有同异，或酌用为絺绣，或分画于旌旗，我朝酌古准今，灿然大备，《会典》载：皇帝朝服，日、月、星辰、山、龙、虫、黼、黻在衣；宗彝、藻、火、粉米在裳，诚以十有二章之设，取象三辰，昭备万物，洵足宣扬巍焕，表示尊严。拟沿朝服之制，于佩章中环绘十有二章，四围珠饰，符经纬之周天重出，光芒普照，临于八极。命名则称：大宝。取《易》义，以彰中国之圣人。带绶则用明黄，采月令以显中央之土德。此臣等遵拟大宝章之意也。

自《易》著龙飞之象、史传龙负之祥，龙之为文，炳于中土，施为礼服而章采缤纷；画之国旗而声名洋溢，古今同尚，中外咸闻，今拟皇族、臣工勋章，中皆绘龙，而以黄、赤、青、黑四色分为四种，盖用古者伏羲以龙纪官，设黄龙、赤龙、青龙、黑龙诸官之说。黄、赤则以待宗属，各一种，以明礼有贵少之时；青、黑则以锡群僚，区八等，以示赏必视功之义。此臣等遵拟黄龙、赤龙、青龙、黑龙各等勋章之意也。

至勋章一切事宜，应设勋章局，以专职掌。查各国勋章局大率隶于内阁，现在我国官制尚未厘订，此项勋章局拟暂设于外务部，俟官制订定后再遵照定制办理。

陆军部、海军部查《通礼》内载：从征将士，饮至策勋，国家原设有酬庸之典，嗣后遇有国际战事，如有能搴旗斩将、奋不顾身，以及制胜出奇者，自应宠以殊荣，稗励忠勇，此项勋章应由陆、海军部详细拟订，绘具图式，分列条目，另行具奏，恭请钦定，以彰战绩而示褒荣。

谨公同遵拟皇上、皇族暨臣工各勋章，绘具图式并酌拟章程，恭呈御览，伏候钦定。所有臣等遵议各项勋章缘由，谨合词恭折具陈，伏乞皇上圣鉴训示。

再，此折系外务部主稿，会同陆军部、海军部、会议政务处办理，合并陈明。谨奏。

勋章章程

第一章 总则

第三条 设勋章局，掌赏勋事务，暂附设于外务部。

第二条 勋章局设局长一人。

第三条 局中分设文牍、制造、会计三科。

第四条 各种勋章由特旨赏给及奏奉特准者，由局注册给发。其奉旨交议之件，由局核议具奏。

第五条　凡京外各衙门奏请赏给中外臣民勋章，应将拟给人员之履历、劳绩详细胪陈，由局核办。

第六条　请赏文武官员勋章，五、六品不得过三、四等，七、八品不得过五、六等，九品不得过七等。至臣民等本无官阶者，及外国官绅人等，应参酌比照办理。

第七条　凡著有劳绩，经保奖实官、虚衔、花翎、封典者，同时不得再请赏给勋章。其已得勋章者，于一年之内不得再请勋章。

第八条　凡得有同种上级勋章者，应将其下级勋章缴还勋章局。外国人领受同种上级勋章者，亦照上办法缴还下级勋章。如在外国时，应送交于最近之中国使署或领事署，由该使、领署转送外务部。

第九条　凡得赏勋章者，如因奉旨褫革之时，应将其勋章褫夺。如得有外国勋章者，亦不得佩带。遇有以上情事，该管衙门应即咨照勋章局。

第十条　官员有奏事之权者，得有外国勋章时，应自行奏闻，得旨准收后，方可佩带。余应呈明勋章局注册汇奏。

第十一条　本章程奏定后，嗣后赏给勋章，均照新章办理，除王、贝勒、公等业经赏有宝星者拟请特旨赏换外，其余中外官绅从前赏有宝星者为数较多，仍一律佩带，毋庸另行更换。

第二章　勋章等级

第十二条　勋章之等级如左：

一、大宝章。皇帝佩带。

二、黄龙章。皇族之爵位最崇、勋劳卓著者佩带之。

三、赤龙章。以赐皇族之有勋劳者。

以上黄龙、赤龙两种，大臣有大勋劳者可由特旨赏给，不准奏请颁赐。

四、一等青龙勋章。

五、一等黑龙勋章。

六、二等青龙勋章。

七、二等黑龙勋章。

八、三等青龙勋章。

九、三等黑龙勋章。

十、四等青龙勋章。

十一、四等黑龙勋章。

十二、五等青龙勋章。

十三、五等黑龙勋章。

十四、六等青龙勋章。

十五、六等黑龙勋章。

十六、七等青龙勋章。

十七、七等黑龙勋章。

十八、八等青龙勋章。

十九、八等黑龙勋章。

右青龙勋章、黑龙勋章二种各分八等，以赐左开各项臣民：

一、自一品至九品文武官员之著有勋劳者。

二、绅民之著有勋劳者。

三、农工商业人等于事业、学问上著有功绩，国家、社会受其利益者。

第三章　绶制

第十三条　勋章之绶制如左：

大宝章，大绶，色明黄。

黄龙章，大绶，色金黄、红缘。

赤龙章，大绶，色金黄、白缘。

一等青龙勋章，大绶，色红、白缘。

一等黑龙勋章，大绶，色蓝、红缘。

二等青龙勋章，不用绶。

二等黑龙勋章，不用绶。

三等青龙勋章，领绶，色红、白缘。

三等黑龙勋章，领绶，色蓝、红缘。

四等青龙勋章，襟绶、加结，色红、白缘。

四等黑龙勋章，襟绶、加结，色蓝、红缘。

五等青龙勋章，襟绶，色红、白缘。

五等黑龙勋章，襟绶，色蓝、红缘。

六等青龙勋章，襟绶，色红、白缘。

六等黑龙勋章，襟绶，色蓝、红缘。

七等青龙勋章，襟绶，色红、白缘。

七等黑龙勋章，襟绶，色蓝、红缘。

八等青龙勋章，襟绶，色红、白缘。

八等黑龙勋章，襟绶，色蓝、红缘。

第四章　勋表

第十四条　凡得有勋章者，按照章程于便服襟上扣带勋表。

第十五条　各种勋章均附以勋表，其颜色如绶制，各依等级而殊其式样。

第十六条　二等青龙勋章、二等黑龙勋章不用绶，其勋表颜色比照一等。

第五章　佩带规则

第十七条　勋章应于著礼服之时佩带，遇外交上必需之时亦得于便服上佩之。

第十八条　凡大绶章，佩章于左胸，带绶自右肩斜至左胁下，而结副章于绶末。领绶，章佩于领下。襟绶，章佩于左襟。

第十九条　有一等勋章而更受他种一等勋章时，而勋章可以并佩，惟不带前有之大绶及副章；有二等勋章者同。

第二十条　凡已有勋章而更受同种上级之勋章，则解去其下级勋章。若受他种之同级或上级勋章时，得并佩之。

第二十一条　凡并佩两个以上之勋章时，后受者应列于前受者之上或其左。

第二十二条　佩带外国勋章之法，应照各该国所定之佩带章程。

第二十三条　得有本国大绶章及外国大绶章者，仍带本国大绶，但外交上必需之时，可带外国大绶。

第二十四条　外国勋章应于本国勋章之右或其下佩带之。

第二十五条　本章未施行以前，凡赏有双龙宝星者，于本章施行以后仍可佩带，其荣誉与勋章无殊。

第六章　章、绶图式

第二十六条　章、绶图式见勋章图。

第七章　勋表图式

第二十七条　勋表图式附绘勋章图后。

1. 出自《勋章章程》的大宝章主章图样。

2. 出自《勋章章程》的大宝章副章图样。

3. 出自《勋章章程》的大宝章绶带图样。

4. 出自《勋章章程》的黄龙章主章图样。

1.出自《勋章章程》的黄龙章副章图样。

2.出自《勋章章程》的黄龙章绥带图样。

3.出自《勋章章程》的赤龙章主章图样。

4.出自《勋章章程》的赤龙章副章图样。

5.出自《勋章章程》的赤龙章绥带图样。

1

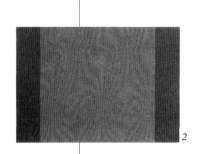

2

3

4

5

6

7

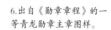

6.出自《勋章章程》的一等青龙勋章主章图样。

7.出自《勋章章程》的一等青龙勋章副章图样。

8.出自《勋章章程》的一等青龙勋章绶带图样。

9.出自《勋章章程》的一等黑龙勋章主章图样。

8

9

1

2

1.出自《勋章章程》的一等黑龙勋章副章图样。

2.出自《勋章章程》的一等黑龙勋章绶带图样。

3.出自《勋章章程》的大宝章勋表图样。

4.出自《勋章章程》的大宝章勋表图样。

5.出自《勋章章程》的赤龙章勋表图样。

6.第一行从右向左：一等青龙勋章勋表、一等黑龙勋章勋表、五等青龙勋章勋表、五等黑龙勋章勋表。第二行从左向右二等青龙勋章勋表、二等黑龙勋章勋表、六等青龙勋章勋表、六等黑龙勋章勋表。

7.第一行从右向左：三等青龙勋章勋表、三等黑龙勋章勋表、七等青龙勋章勋表、七等黑龙勋章勋表。第二行从左向右四等青龙勋章勋表、四等黑龙勋章勋表、八等青龙勋章勋表、八等黑龙勋章勋表。

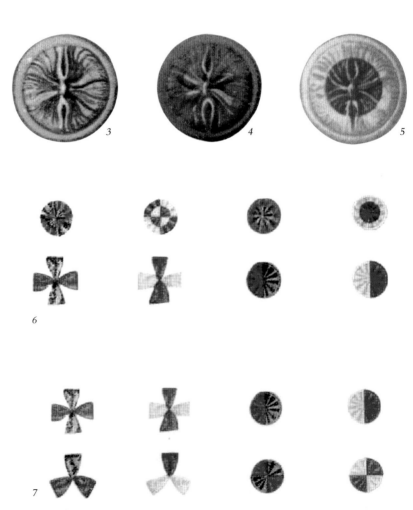

3　　*4*　　*5*

6

7

第八章　勋章执照

第二十八条　勋章执照之式如左（略）。

第二十九条　大宝章不用执照。

第三十条　黄龙、赤龙勋章及一等青龙勋章至三等黑龙勋章执照，均请用御宝，至四等以下执照，盖用勋章局印信。

009.外务部总理大臣奕劻等为拟定各项勋章颁行办法事片

宣统三年二月廿日

（1911年3月20日）

再，各国赠赏勋章，恒视勋劳大小以定等差，而爵位之崇卑不计焉，往往有以高等官仅受得寻常勋章，而非高等官反得优等勋章者。其间优遇重臣，礼待邻好，则国君所佩勋章亦可特行赉予，盖勋章与爵章比较，其性质实不相同，故体制亦因之各异也。惟是朝廷旌酬有兴，虽可特沛殊恩，而臣民观感所资，必须先明等级，此次拟定勋章章程第六条内开："请赏文武官员勋章，五、六品不得过四等；七、八品不得过五、六等；九品不得过七等。至臣民等本无官阶者，及外国官绅人等，应参酌比照办理"等语。条文简括，未尽明晰，当此施行之始，应将黄龙以次各等勋章赏给办法逐一开列，以便推行。

兹拟：

黄龙勋章以备赏给爵位最崇之皇族；

赤龙勋章以备赏给亲王以下、贝勒以上之皇族，其贝子、公、一品大员之著有大勋劳者，恭候特旨赏给；

青龙一等勋章以备赏给贝子、公，暨一品大员之有异常劳绩者；

黑龙一等勋章以备赏给贝子、公、一品大员，其二品大员著有勋劳者，恭候特旨赏给；

青龙二等勋章以备赏给二品大员之有异常劳绩者；

黑龙二等勋章以备赏给二品大员，其三品大员之著有勋劳者，奏请特旨赏给；

青龙三等勋章以备赏三品大员之有异常劳绩者；

黑龙三等勋章以备常给三品大员或实缺四品大员之著有勋劳经专折奏请者；

青龙四等勋章以备赏给四品大员之有异常劳绩者；

黑龙四等勋章以备赏给四品大员或实缺五、六品官员之著有勋劳经专折奏请者；

青龙五等勋章以备赏给五品官员之有异常劳绩者；

黑龙五等勋章以备赏给五品官员或实缺六、七品官员之著有勋劳经专折奏请者；

青龙六等勋章以备赏给六品官员之有异常劳绩者；

黑龙六等勋章以备赏给六品官员或实缺七、八品官员之著有勋劳经专折奏请者；

青龙七等勋章以备赏给七品官员之有异常劳绩者；

黑龙七等勋章以备赏给七品官员及实缺八、九品之著有勋劳者；

青龙八等勋章以备赏给八、九品官员之有异常劳绩者；

黑龙八等勋章以备赏给八、九品官员。

以上各项官员系就文官、海陆军官而言，其旧制水师、绿营将领，非有军功不得奏请赏给。其臣民人等如有实学堪深，裨益政教，或创办实业，众所推许者，及平民著有劳绩堪以优奖者，亦得酌量奖给黑龙勋章。外国臣民赏给勋章，各按官级、劳绩比照上开各节办理。黑龙勋章略亚青龙，如寻常劳绩、异常劳绩之分，凡应赏勋章人员，其功绩、官阶不便径给

青龙者，即给黑龙勋章。其已得黑龙勋章，续有功绩而不便升等者，换给同等之青龙勋章。

以上所开办法，补条文所未及，期损益之得宜，于奖励功绩之中，寓慎重名器之意，如蒙俞允，即由臣部备案遵照办理。惟此系颁给勋章办法，拟不附章宣布。

理合附片陈明，伏乞圣鉴训示。

谨奏。

附录2：宝星大事记

1月7日

江苏巡抚李鸿章上奏清廷，提议参照外国功牌仿造用于奖励西方人的金银牌，未获裁可。

5月6日

总理衙门上奏清廷，称据直隶总督崇厚拟定的意见，仿照外国宝星的名目，制造头、二、三等金宝星以及银牌，奖励给协助清军在直隶作战有功的英国领事吉必勋（John Gibson）、英国教习克逦、法国翻译徐伯理等。获批准。

12月4日

苏州太平军守将率众向围城的清军献城投降。

12月14日

因参与收复苏州有功，经江苏巡抚李鸿章奏请，清廷批准赐予常胜军统领戈登（Charles George Gordon）头等功牌一面。

3月27日

因协助清军在浙江等地与太平军作战有功，经闽浙总督左宗棠奏请获准，制发金牌、银牌。各授予英国总兵丢乐德克（Roderick Dew）、法国参将德克碑（Paul Alexandre.Neveue d'Aigwebelle）头等金牌一面；各授予宁波海关税务司日意格（Prosper Marie Giquel）、法国兵头法兰克、英国水师都司费达士、英国兵头芬治二等金牌一面；各授予法国教主田雷思、英国翻译官有雅芝三等金牌一面；英国都司波格乐、英国医官伊尔云各授予银牌一面。

3月31日

左宗棠率军攻克太平军占领的浙江省城杭州。

4月25日

因收复杭州有功，经闽浙总督左宗棠奏请，清廷批准授予常捷军统领德克碑头等功牌一面。

7月19日

清军克复太平天国占领的南京。

206

1865年

2月24日

李鸿章上奏，申请为常胜军以及随同淮军作战有功的西方人员请奖，计奖励翻译官阿查里等6人一等金宝星，摩尔安德等22人二等金宝星，满士费等24人三等金宝星，爱林等12人银牌。

2月25日

因捕获接济太平军的"古董"轮船，经闽浙总督左宗棠等奏请，清廷批准授予厦门海关税务司休士（G.Hughes）一等金功牌一面，由江苏巡抚李鸿章负责承制。

6月13日

因为参与捕获"古董"轮船有功，经福州将军英桂等奏请，清廷批准授予福州海关税务司美理登（Baron de Meritens）一等金功牌一面，由江苏巡抚李鸿章承制。

1866年

3月12日

江苏巡抚李鸿章奏请，为办理税务有功，"任劳任怨、竭力襄助"的洋员颁发功牌。税务司吉罗福（G. B. Glever）、费士来（G. H. FitzRoy）、马福臣（A. Macpherson）、狄妥玛（T. Dick）、威理士、麦士威（William Maxwell）各被授予一等金功牌一面，粤海关扦子手头目鲍良被授予二等金功牌一面。

8月27日

两广总督瑞麟奏请获准，授予在处理潮州教案中有功的英国领事馆翻译官梅辉立（William Frederick Mayers）、葛德立（W.Cartwright）金宝星。

11月23日

总理衙门大臣奕訢获得意大利政府授予的圆金牌一面，重二两五钱，经上奏后封送军机处，恭呈御览。

1868年

6月26日

伊犁将军荣全上书总理衙门，因驻在阿勒玛图的俄罗斯中校翻译官巴勒闹博"为中国之事，诸多出力"，并曾接济中国难民，申请予以奖励。经奏请，批准授予其金宝星一面。

9月29日

库伦办事大臣张廷岳报告，恰克图发生火灾，大火延及买卖城的商铺，俄罗斯军官皮票斯率军奋力救火有功，奏请清廷批准授予其金宝星一面，由总理衙门具体承制。

10月18日

法国驻沪总领事白来尼（Brenier de Montmorand）、副领事狄隆（Charles Dillon）办事认真，"遇有中外交涉事件，尚能顾全大局，约束本国洋人"，经署理江苏巡抚丁日昌奏请，授予二人金宝星各一面。

3月4日

英国驻华使馆翻译官柏卓安（John M.Brown）、海关税务司德善（E.de Champs）随同蒲安臣使团出访各国，随办各种事宜有功，经总理衙门上奏获准各授予头等金宝星一面，由总理衙门照式铸造。

5月6日

日本借口为遇难船民主持正义，派军队悍然登陆台湾，攻杀台湾番社，挑起台湾事件。

6月14日

船政大臣沈葆桢奉旨钦差赴台，处理日本侵台事件。中国海关缉私舰船派赴闽台，协助办理海防。

12月3日

侵台日军撤离台湾。

1月12日

同治帝驾崩，醇亲王奕譞之子载湉继位，改年号光绪。

4月26日

赏赐在防御台湾事务中出力的洋员博郎提督衔、海关缉私舰"凌风"舰长哥嘉（Thomas E.Cocker）游击衔，授予炮术军官都布阿三等金宝星。

5月30日

清廷委任北洋大臣筹建北洋海军、南洋大臣筹建南洋海军。

6月14日

因为在台湾管带轮船悉心教练，授予海关缉私舰"凌风"大副美德兰、管轮飞得士三等金宝星。

1876年

4月23日

德国军官李劢协在华教练炮队期满，北洋大臣李鸿章奏请赏给二等金宝星，并派游击卞长胜等七人，跟随其前往德国留学军事。

6月5日

山东巡抚丁宝桢上奏，因为德国克虏伯公司聘用来华的炮术军官瑞乃尔（Schnell Theodore.H）在山东海防教练有成，授予三等金宝星。

11月22日

因为教练出力，授予德国军官德罗他二等金宝星。

1878年

2月13日

授予奥匈帝国官绅嘉哥恩等宝星。

1879年

9月16日

德国提督巴兰德帮助照料中国留学军官，北洋大臣李鸿章奏准授予其二等金宝星。

12月2日

李鸿章上奏，以教导中国留学军官出力，奏请授予德国陆军斯邦道军营步兵第一营三等提督官波兰撒尔二等金宝星一面，第四营头等总兵官萨呢则、第四营一连二等总兵官哈克威三等金宝星一面。

1880年

4月8日

李鸿章上奏获准，因前此拟定的颁奖等级不妥，改为授予德国提督波兰撒尔头等金宝星，头等总兵官萨呢则、二等总兵官哈克威二等金宝星。

4月27日

经李鸿章奏请，对教导船政首届留欧学生有功的西方人员授予宝星，计为：

头等金宝星十人：法国海部总理员弁并水手人等水师提督马的奴得式内，法国海部总理水师各厂事务提督衔萨把帖，法国格致院长、巴黎地图局副总办并矿院总监督一品衔多布类、法国矿院总稽查二品衔都朋、法国水师一等总监工、官学总监督、总兵衔舒有，英国格林威治学校总监督二品衔好士德，法国政治学院总办二品衔布德米，英国抱士穆德厂收发船表副将衔逊顺，法国水师总监工、副将卞那美，法国克鲁索厂督办瑞乃德。

二等金宝星六人：法国汕萨芒工厂督办、前工部尚书孟格非埃，英国格林威治学校教习蓝伯脱、劳敦，法国马赛腊孙工厂总办、二品衔勒摩奴，法国马赛工厂监督、二品衔奥赛尔，法国腊孙工厂监督、三品衔腊根。

三等金宝星七人：法国克鲁索工厂副总办拉飞德，法国汕萨芒工厂副总办毕庸，法国地中海船厂巴黎副总办舒爱把士德，法国地中海船厂巴黎总稽查芳舒，法国赛隆官学监督基尔，法国赛隆官学监督、三品衔郎格内，法国水师总监工、削浦官学副监督、三品衔马丹美。

三钱重錾金赏牌十八人：法国水师副监工、削浦官学教习佳杲，法国水师副监工、土伦学生奥滨，法国水师副监工、前教习白海士登艺徒古士亥，法国水师副监工、教习白海士登艺徒腊依德，法国水师副监工、前教习削浦学生布拉，法国水师副监工、教习削浦学生比俄，法国律师、前教习肄业随员福果阿芒，法国算学举人、前教习肄业随员福果阿贝，英国格林威治学校天文学教习欧般，英国海图教习掌孙，英国制造学士、汽机教习义欧，英国学士、格林威治学校格致学教习戴柏，英国格致举人、格林威治学校格致学教习尔兰诺得，英国水师炮学都司苏哲尔，法国制造监工教习矿学生奥礼武，法国克鲁索监工、前教习艺徒罗甫，法国矿院官学教习基尔德，法国矿院官学教习李奈尔。

9月10日

因北洋水师"镇南"蚊子船在随编队操练时不慎触礁受损，总教习洋员葛雷森（Glayson）不避艰险，成功组织救援，"镇定稳速，乃克化险为夷"，经北洋大臣李鸿章奏准，授予二等金宝星。

10月28日

总理各国事务衙门上奏，印度王呈进乐器，并手著洋文乐记各书，恳求赏赐品物，以为稀世之宝。拟颁给头等金宝星一面、景泰蓝花瓶一对，由出使大臣曾纪泽转交。

1881年

8月12日

以此前救援"镇南"蚊子船有功，将李鸿章奏准，授予海关缉私舰"飞虎"号舰长哥嘉头等金宝星，加参将衔。授予"飞虎"管轮副堪士郎、大副章师敦二等金宝星。授予"飞虎"水手长史类白三等金宝星。

10月15日

总理衙门上奏请求厘定宝星制度，获准。

1882年

2月7日

清廷批准总理衙门上奏的宝星制度，新宝星称为"双龙宝星"。

6月5日

因建设天津大沽船坞有功，经北洋大臣李鸿章奏请，授予参与大沽船坞工程的海关总税务司德璀琳（Gustav vonDetring）头等宝星，海关帮办孟国美二等宝星，海关理船厅汤乃克、师威训三等金宝星，船坞总监工安得生、葛兰德三等宝星。

10月1日

赏给来华谈判签约的巴西特使喀拉多、穆达、李诗图、桑丹雅宝星。

11月16日

因在中国谈判订立古巴华工章程时帮助往来翻译有功，赏给德国翻译官阿思德三等第一宝星。

11月22日

英国阿姆斯特朗公司先后为中国建造蚊子船、"超勇""扬威"巡洋舰等，"不惜工料""信义可嘉"，北洋大臣李鸿章奏请授予阿姆斯特朗公司总经理阿姆斯特朗（William George Armstrong）三等宝星。

1883年

1月18日

总理各国事务衙门奏请颁给意大利、奥匈的驻华公使巴兰德（Max August Scipio von Brandt）二等第一宝星。

4月14日

授予巴西使臣白乃多宝星。

4月26日

授予德国世子威廉头等第二宝星。

7月26日

总理各国事务衙门奏准，因巴国前任宰相锡呢布这挨儿微斯为创请订立条约之员，颁给头等第三宝星一座。

11月19日

因在中国驻英公使馆服务期满，任内办事出力，授予英文参赞、二等翻译官马格里（Macartney Halliday）宝星。

12月24日

授予日本驻华公使榎本武扬二等第一宝星。

1884年

3月2日

授予比利时驻华公使诺丹高（Count Hector de Noidans–Galf）宝星。

5月25日

授予德国代理公使谭敦邦（Count Christian von Tattenbach）、西班牙代理公使吴礼巴（Don Carlos Antonio de Espana）等宝星。

8月23日

中法马江之战爆发。

8月26日

清政府下诏，对法国宣战。

10月28日

授予西班牙首相噶诺化、外部大臣倻代彦宝星。

12月1日

清政府授予受聘秘密来华参加北洋水师作战的德国海军军官式百龄二等第二宝星，并命令李鸿章传谕其奋勉出力。

龙星初晖——清代宝星勋章图史

1885年

2月6日

淮军铭军、盛军等部人员、饷械成功海运至台湾卑南登陆，清廷向有功人员受奖，英国人戴叶生被授予二等第一宝星。

6月9日

《中法新约》在天津签署，中法战争结束。

6月22日

驻美公使馆雇佣的洋员柏立等服务期满，授予宝星。

6月24日

海关总税务司赫德（RobertHart）、海关驻伦敦办事处主任金登干（James Duncan Campbell）协助居中斡旋中法外交，帮助商订中法条约，办事妥慎，经总理衙门奏请授予宝星。

7月21日

因办理收回被法国扣押的"平安"轮船和所装运的军队出力，经北洋大臣李鸿章奏请，授予津海关副税务司马士（Hosea Ballou Morse）三等第二宝星。

8月14日

授予南洋水师援闽军舰"开济"舰洋弁朱臻仕宝星。

9月23日

因协助建设中国各省电报线，培训中国电报技术人员有功，李鸿章奏请授予丹麦人霍洛斯、葛雷生三等第三宝星，包恩、高尔廷、益伯生、甘笛五等宝星。

10月10日

授予江汉关副税务司雷乐石三等第一宝星。

11月30日

在德国订造的"定远""镇远""济远"三舰回国后，帮助驾驶来华的数百名德国水手人等因账目纠葛滞留大沽不去，德国驻天津领事贝勒珰（A.Pelldram）帮助从中劝说调停解决纷争，经李鸿章奏请，授予贝勒珰三等第一宝星，另授予洋员法来格等宝星。

同年，授予北洋水师洋员阿林敦（Lewis Charles Arlington）等宝星。

3月14日

因教导船政第二届留学生有功，经李鸿章等奏请，授予法国枫丹白露学校总办、前管带第一军炮营总兵布士，法国兵部一等火药总稽查莫卢阿，比利时色棱厂总监督沙都安，英国格林威治学校总办尼文，法国加纳炮厂总监督榜日二等第三宝星；授予法国火药官学监督兼总监工沙富三等第一宝星；授予法国枫丹白露学校医生福尔聂，炮队教习布侬依，比利时帮教习炮队守备渠威烈、比利时帮教习炮队守备德基士、比利时医生波赖三等第三宝星；授予火药副监工排白德、火药副监工氏布多、火药副监工台斐司、桥路副监工布阿生三钱重鎏金赏牌。

李鸿章奏请，授予在中国建设电报线路有功的丹麦人恒宁生三等第三宝星。

4月18日

李鸿章奏请，授予协助中国在德国办理订造"定远""镇远""济远"等军舰事务出力的洋员以宝星，计授予德国前任海部大臣士叨司、现任海部大臣必里微头等第三宝星，授予海部总办的脱里西、勃立可司、古而忒、克闾格耳、汤姆生、萨克二等第二宝星，授予海部总监工洛脱耳三等第二宝星。

4月28日

总理衙门请赏德国驻广州领事德拉威（G.Travers）宝星。

5月14日

海军衙门大臣醇亲王出都校阅海军。

7月13日

因督捕出力，授予洋员华生宝星。

8月13日、15日

北洋水师"定远"等舰顺道进泊日本长崎，水兵放假上岸时发生被日本警察殴杀的长崎事件。

10月1日

德国军官哈孙克赖乏（Hasenclever）长期在北洋水师担任鱼雷教习，教导认真，功绩卓著，经李鸿章奏请授予二等第三宝星。

12月3日

在北京蚕池口教堂迁移事务，英国人敦约翰前往罗马教廷汇报协调，"远涉重洋，不辞劳瘁"，授予三等第一宝星。法国驻天津领事林椿（Paul Ristelhueber）"来往通词，始终奋勉"，授予二等第三宝星。

12月30日

因为协助办理迁移蚕池口教堂出力，经李鸿章奏请，授予英商宓克三等第三宝星。

1887年

5月10日

因协办吴淞口防务出力，授予德国驻沪总领事吕森（J.Lührsen）等宝星。

5月15日

德国刷次考甫鱼雷厂悉心教导中国留学军官，总经理喀士落斯基"向慕中国，格外输诚"，授予三等第二宝星。

6月19日

意大利军舰医生甘多尔福在1886年长崎事件时，帮助救治北洋水师受伤水兵，经李鸿章奏请，授予三等第三宝星。

7月5日

因办事和平，授予即将离任的法国驻华公使恭思当（J.A.E.Constans）等宝星。

1888年

7月10日

总理各国事务衙门上奏，奥匈帝国授予公使许景澄头等宝星，批准受领而不佩戴。

同日，授予俄国外部大臣嘎尔斯头等第三宝星。

9月28日

授予在天津武备学堂任教出力的德国军官李宝、那珀三等第一宝星，巴恩士、绅士、艾德四等宝星。

10月3日

慈禧太后懿旨批准颁行《北洋海军章程》，北洋海军成军。

10月20日

北洋在德国订造"经远""来远"装甲巡洋舰告成，经李鸿章奏请，授予协助出力的德国首相俾斯麦头等第三宝星，德国海部炮火军械总办盖斯勒二等第二宝星，德国海部专管造船机器画图等事帮办格列士、查验船料帮办

苏尔次、中国驻德使馆翻译官金楷理（Carl Traugott Kreye）三等第一宝星，
德国海部专管海口炮台军械所军官克乃勃而三等第三宝星，克虏伯公司总裁
克虏伯（Alfried Krupp）二等第三宝星，伏尔铿造船厂厂长舒罗杜三等第二宝星。

12月10日

根据直隶总督李鸿章、两江总督曾国荃奏请，以"凡遇交涉事件无不和
衷商办"，授予奥匈帝国驻上海领事夏士（Joseph Haas）三等第一宝星。

1月14日

因当差出力，授予北洋海防聘用的德国水雷教习施密士、陆军炮术教习
额德茂、英国医官鲍德均、伊尔文三等第三宝星；授予德国队长贝阿四等宝星。

1月26日

因帮助中国订造火车出力，授予德国商人德威尼等三等宝星。

6月13日

授予驻德使馆翻译官金楷理宝星。

11月12日

授予即将卸任的德国代理驻华公使克林德（Baron Clemens Ketteler）宝星。

12月10日

以办事公正，授予英国驻福州领事费笠士（George Phillips）宝星。

6月2日

授予西班牙首相萨格达等宝星。

7月26日

因西藏事务平定，授予办理有功的税务司赫政（James H. Hart）宝星，并
赏花翎。

10月18日

因教练勤能，授予船政学堂洋教习赖格罗（Le Orgs）宝星。

11月28日

授予西班牙代理公使赫海连（Ramiso Gil de Uribarri）、参赞欧达兰以及意大利使馆参赞贾雅第等、宝星。

12月23日

以遵约交还叛酋，授予法国驻昆明领事罗图高（H.Leduc）宝星。

3月4日

因办理中法交涉公平，授予法国外交部协理大臣戈可登二等第一宝星。

3月13日

天津武备学堂教习德国军官李喜脱、敖耳在华任教三年，"课导尽心，不辞劳瘁"，经李鸿章奏请，授予三等第一宝星。

3月22日

授予德国翻译官葛尔士、西班牙参赞萝邻德宝星。

4月7日

授予德国总兵福合尔宝星。

5月2日

授予洋员科敦以及巴拿马总领事阿丹宝星。

7月19日

因办理交涉驯顺，授予西班牙外交大臣德都安公爵、协理外交大臣裴喇斯宝星。

8月29日

因为在北洋效力，当差勤勉，授予中国电报总局洋员丹麦人博来二等第三宝星，授予天津电报学堂洋教习丹麦人璞尔生、英国格林威治学院教习英国人蓝博德、"海晏"轮船船长英国人安得禄三等第一宝星。

10月8日

因为捐银助赈，授予英国驻烟台领事宝士德（Henry Barnes Bristow）等宝星。

10月11日

经北洋大臣李鸿章奏请，因效力勤劳，授予天津机器局教习英国人施爵尔，铁路监工英国人金达三等第一宝星；旅顺船坞监工法国人吉利丰，旅顺船坞医生法国人道礼思，北洋水师营务处翻译德国人毛吉士三等第三宝星；授予旅顺船坞监工法国人邵禄、李维业、葡萄牙人路笔纳五等宝星，北洋水师营务处翻译毛吉士等宝星。

10月23日

因监造台湾炮台，帮助教导训练得力，授予洋员巴恩士宝星。

11月25日

因在任期间办理交涉出力，授予即将离任的奥匈驻华公使萨鲁斯齐（Karl Graf Zalusky）宝星。

12月11日

因建设滇越电报线，如期接通，授予出力洋员占臣宝星。

1月19日

为北洋海防购运巨炮出力，授予洋商满德等宝星。

8月15日

经李鸿章奏请，因办理中俄边界交涉得力，"秉公竭诚，尽心襄助"，授予俄国总兵左克罗斯奇二等第三宝星。

10月30日

授予俄罗斯官员索廓罗夫斯其宝星。

1月15日

德国洋员汉纳根效力北洋差满回国，授予宝星。

5月30日

天津机器局德国教习沙尔富帮助创制栗色火药，"悉心教授，俾海外秘法尽得其传，裨益军需非浅"，由北洋大臣李鸿章奏请，授予三等第三宝星。

8月3日

德国工程师包尔于1890年经克房伯公司派来中国，在天津武备学堂担任铁路总教习，因教学有功，"尽心指示，不惮劳烦，俾学生均能理会"，授予二等第三宝星。

9月16日

因管理、维护台湾海底、陆上电报线出力，授予洋员韩生宝星。

9月28日

中俄有关接通海兰泡、珲春等处电报线谈判结束，授予俄国驻华公使喀希呢（Count A.P.Cassini）头等第三宝星，授予代理公使阔雷明（C.Klejmenow）二等第三宝星，授予随员巴幅罗福（Aleksandr Ivanovich Pavlov）三等第一宝星。

11月2日

授予西班牙驻华公使馆参赞阿乐岳（Don Julian M.del Arroyo）宝星。

1894年

3月22日

以和平处理湖北麻城教案，授予瑞典驻沪总领事柏固（Carl Bock）宝星。

7月2日

授予俄国副管界官巴萨勒甫斯塞宝星。

7月20日

因办理台湾铁路工程出力，授予洋员玛体孙宝星。

7月25日

日本军舰在朝鲜丰岛海域偷袭中国舰船，击沉运兵船"高升"号。

8月1日

中日两国互相宣战，甲午战争爆发。

8月3日

天津武备学堂总教习德国人黎熙德因病去职，因在职期间尽心尽力，授予二等第三宝星。

8月18日

因帮助从朝鲜丰岛海域救回"高升"号运输的官兵，授予相关法、德、英国军舰舰长宝星，具体为：

法国"利安门"（Lion）舰长高格、德国"伊力达斯"（Iltis）舰长宝瑞森、英国"播布斯"（Porpoise）舰长斐理二等第三宝星。

德国副长石文得、德实满尔、罗兰，军医美志格三等第一宝星。

德国总舵工葛那士，水师文案博尔格汉三等第三宝星。

德国水手长马罗士格四等宝星。

德国水兵包安、罗纳士、苏立士、安伯司达、安德、喜米德五等宝星。

10月21日

奖励参加黄海大东沟海战表现突出的北洋海军洋员，授予"镇远"管带帮办美国人马吉芬（Philo Norton McGiffin）、炮务总管德国人哈卜们（A.Heckmann），"定远"副管驾帮办英国人戴乐尔（William Ferdinand Tyler）、总管轮帮办德国人阿璧成（J.Albrecht）三等第一宝星。

11月15日

因值慈禧太后60大寿，各国驻华公使递送庆贺国书，上谕分别赐予俄国公使喀希呢（Count A.P.Cassini）、英国公使欧格讷（Nicholas R.O'Conor）大卷江䌷二匹、大卷库缎二匹、瓷器二件、荷包一匣。授予美国公使田贝（Charles Denby）、德国公使绅珂（Freiherr Schenck zu Schweinsberg）、法国公使施阿兰（A.Gérard）、瑞国公使柏固（Carl Bock）、意大利公使巴尔迪（Alessandro Bardi）二等第一宝星。授予比利时公使陆弥业（H.G.Loumyer）、西班牙代理公使梁威理（J.Llaberia）、荷兰公使费果荪（Jan Helenus Ferguson）二等第二宝星。

12月10日

甲午战争期间帮助运输饷械等出力，授予"利运"轮船船长英国人摩顿、"新裕"船长美国人毕利腾、"镇东"船长美国人温苏、"图南"船长英国人卢义、"海定"船长英国人士珠、"爱仁"船长英国人惟伯三等第一宝星。

12月28日

因装运军火，不收运费，授予德国信义洋行洋商满德二等第一宝星，授予德商李德三等第一宝星。

1月1日

因中越勘界事竣，授予洋员兰尔生等宝星。

3月6日

电寄谕旨，允许赴俄特使王之春收受和佩戴俄国所授予的宝星。

3月20日

因中国使臣来往时照料周妥，授予德国柏林管理车站官温德斐耳宝星。

1895年

3月30日

中日停战条约签署，甲午战争停战。

4月17日

《日清讲和条约》（马关条约）草签。

4月22日

李鸿章在日本马关遇刺后，日方医治出力，经李鸿章奏请，授予日本军医总监佐藤进、石黑忠惪二等第二宝星，陆军二等军医正古宇田信近、中川十全三等第三宝星。

6月25日

因久驻中华、恪敦睦谊，授予西班牙使馆参赞塞威德、领事贝礼纳、副领事罗拉格、水师守备塞卫拉宝星。

6月30日。

因救援丰岛海战中战损的中国军舰"广乙"的舰员，授予英国海军"弓箭手"号舰长罗哲士、医生史普来等三人宝星。

7月24日

吊唁俄国国葬礼成，授予俄国外部总办参议日达诺甫等六员暨传报妥速之电报局总办甘赤等二员宝星。

8月28日

因监修永定河工程，测量得法，授予洋员吉礼丰宝星。

11月12日

授予俄国外部大臣罗拔诺夫、户部兼参议大臣威特等宝星。

11月30日

总理各国事务衙门奏请、因俄国新君1896年举行加冕仪式，请颁赠头等宝星，嵌用上等珍珠，装饰钻石，加工雕镂以彰华贵，并请特颁国书。届时由出使大臣赍递。

1896年

1月17日

授予西班牙大臣沙尔库宝星。

1月31日

因帮助促成中国赎回辽东出力，授予俄国外部大臣罗拔诺夫、公使喀希尼、法国外部大臣哈诺、公使施兰珂、德国首相乌亨格、外部大臣马沙尔、署副大臣巴兰德、公使绅珂，以及津海关税务司德璀琳宝星。

2月3日

因办理邦交出力，授予德国外部副大臣罗特罕等十四人宝星。

2月9日

因在甲午战争期间帮助治疗中国受伤官兵，授予英、美、德、法、各国医官司里巴等19人宝星。赏赐安得生等四名帮助救治伤兵的外国妇女"乐善好施"匾额。

2月27日

因办事公平，授予英国驻芜湖领事福格林（Colin Mackenzie Ford）、税务司班谟宝星。

3月4日

在德国订造的"飞鹰"号鱼雷猎船告成，授予德国监造官费新格怀时宝星。

3月20日

因出使效力，授予俄、法、德三国驻华使馆头等参赞巴布罗福等宝星。

4月2日

授予教课出力的天津武备学堂教习洋员锡纶等宝星。

5月3日

总理各国事务衙门又奏、邦交加密。颁赐宝星之案。比旧增多。请厘定章程。以免畸重畸轻之弊。

5月10日

授予南洋水师学堂洋教习英国人彭耐尔、希尔逊，法国驻天津领事杜士兰（Comte du Chaylard），为汉阳铁厂效力的比利时商人德海斯宝星。

5月11日

因为"谊笃睦邻"，授予俄国阿穆尔总督杜哈甫斯阔业等10人宝星。

6月19日

因办事公允，授予奥匈帝国驻上海领事西博德（N.Schmucker）宝星。

7月5日

以交涉持平接待妥协，授予法国外部正侍郎尼萨尔等 12 人及法国边界总税务司巴兰等 5 人宝星。

8月1日

以总管电报，久著勤劳，授予洋员谢尔恩宝星。

9月20日

救护遭风难民有功，授予英国船主百里士等宝星。

10月11日

日本陆军看护长松尾恒八、三等军医荒木鹿六"殷勤调护，医理精通"，经李鸿章奏请，授予四等宝星。

10月26日

以修好睦邻，善全大体，授予日本驻华公使林董头等第三宝星。以办事持平，授予日本公使馆参赞内田康哉二等第二宝星、授予参赞中岛雄二等第三宝星。

11月2日

授予日本驻华公使馆翻译官郑永邦、高洲太助三等第一宝星，

11月6日

李鸿章奏请，授予出访期间接待、照料的英国、比利时人员宝星。

1897年

3月13日

总理各国事务衙门以"近日邦交益密，赠答日繁，请酌定宝星式样"，上奏新版宝星设计图样和章程。同天批准颁行。

授予期满回国的法国海军提督德博孟宝星。

4月29日

以谊笃睦邻，授予俄国提督特尔试福等 5 人宝星。

5月1日

以救灾好义。授予俄国"阿突瓦司尼"军舰舰长那德甫等 46 人宝星。

5月5日

授予比利时守备森斯宝星。

5月28日

俄罗斯使臣乌和他木斯科在文华殿觐见，呈送俄国太后赠慈禧太后的国书和宝星、礼物。

5月30日

因李鸿章出使期间护送出力，授予奥匈帝国军官业迪讷等宝星。

7月4日

授予法国巡抚桑德来、医员穆法师等宝星。

7月21日

授予德国军官禄来宝星。

9月16日

以力顾邦交，授予俄国外交大臣穆拉斐约福宝星。

11月21日

授予海关税务司金登干宝星。

2月8日

总理各国事务衙门上奏，俄国官员波资聂也福等进呈所辑满洲志略，申请赏给宝星。

2月10日

经北洋大臣王文韶奏请，因以此前中国派员赴日本参观九州大演习，授予日本陆军大将川上操六等 35 人宝星。

2月24日

授予俄国驻海参崴总理官漂大洛夫宝星。

4月25日

江南自强军操练有成，授予教习得力的德国军官来春、石泰等 7 人宝星。

5月1日

以交涉持平，授予法国代理驻华公使吕班（G.Dubail）、俄国驻库伦总领事施什玛勒福（Shishmarev）等 5 人宝星。

5月15日

赠送来华访问的德国亨利亲王（Prince Henry of Prussia）宝星，其随员米勒等 19 人，以及德国驻华公使海靖（Herr von Heyking）均授予宝星。

5月26日

清廷指示驻德公使照会德国外交部，中国将向德皇威廉二世赠送一座头等第一宝星。

6月11日

光绪帝颁下明定国是诏，戊戌变法开始。

6月12日

授予德国亲王随员克勒泥等宝星。

6月14日

授予大学士李鸿章、户部左侍郎张荫桓宝星。

6月22日

授予天津水师学堂洋教习霍克尔等 2 人宝星。

7月1日

授予日本参议长冈崎生、翻译德瓦作藏宝星。

7月6日

授予离任的美国驻华公使田贝（Charles Denby）宝星。

7月13日

授予日本驻华公使馆翻译官德丸作藏四等宝星。

7月17日

清政府电令各驻外公使，如遇到各国君主颁授宝星的情况，准许收受佩戴，不用请示总理衙门。

8月27日

因办理外交遇事和平，授予法国驻华公使吕班（G.Dubail）以及参赞随员等宝星。

因洋员订定卢汉铁路合同出力，授予比利时驻沪领事法兰吉（E.Francqui）等宝星。

9月27日
以宰辅勋隆，邦交倚重，授予日本前内阁总理伊藤博文头等第三宝星。

9月29日
清政府电令驻日公使李盛铎，通报清廷为了联络中日邦交，将特制头等第一宝星赠予日本天皇，要求宝星寄到后，由李盛铎觐见呈送。

10月5日
因办理交涉遇事和平，授予俄国东海滨省总督都尔平等宝星。

11月12日
因为办理中德邦交，协助中国在德国购买舰船、军械悉臻妥洽，授予德国外部大臣毕鲁等宝星。

11月22日
授予瑞典国内大臣固特宝星。

11月23日
授予日本宫内省调度局长长崎省吾等宝星。

12月3日
江南陆师学堂总教习德国军官骆博凯教导出力，授予宝星。

12月4日
因救护中国商船出险，授予日本陆军步兵大尉宫崎宪之等宝星。

12月29日
授予意大利驻华公使萨尔瓦葛（Marquis Giuseppe Salvago-Raggi）宝星。

1月9日
因日本优待中国派往阅操人员，授予日本接待文武各员宝星。

2月1日
授予日本子爵川上操六宝星。

3月10日

授予比利时外部大臣发伟、使馆随员嘎德斯宝星。

3月17日

德国前首相何恩罗八十寿诞，授予头等第二双龙宝星。

3月18日

清廷上谕，比利时使臣费葛呈递比利时国王特赠头等第一礼阿波勒德大宝星并国书，以表庆贺万寿诚心，览受之余。实深欣悦。决定回赠内府自制上等珍珠宝星，交该使回国赍递。

3月25日

因帮助踏勘黄河水道，拟定修河办法出力，"于冰天雪地中奔走河干，测勘讲求，不辞劳瘁"，授予比利时监工卢法尔三等第一宝星，帮监工库宛烈三等第三宝星。

4月3日

因欢联邻国、武备攸资，授予日本陆军步兵大佐东条英教三等第一宝星。

4月5日

授予比利时驻华公使费葛（Baron Carl de Vinck de Deux Orp）、日本陆军大佐冈崎生、俄国驻库伦绅士颗科柄、副绅士瓦昔尼业福等宝星。

5月3日

授予担任教习三年期满的德国军官何福满、办事和衷的法国领事甘思东（Gaston Camille Kahn）、乂安行旅的法国海军舰长冯奉恩、欧德斐罗恒思等宝星。

5月28日

授予洋员傅兰雅（John Fryer）、比必宝星。

6月5日

授予秘鲁国外部大臣坡拏斯等宝星。

6月8日

慈禧太后、光绪帝在仪鸾殿接见日本使臣矢野文雄，接受日本天皇、皇后赠送的勋章。

7月17日

因接待殷勤，授予日本外务省、文部省官员小村寿太郎、三桥信方、小林光太郎等 8 人宝星。

7月23日

因妥办交涉，中外相安，授予法国历年派驻越边总督度美等宝星。

7月27日

授予护送中国使臣的意大利海军参将毕雅第宝星。

9月15日

因循约明礼，授予俄罗斯驻新疆乌鲁木齐总领事吴司本（V.M.Ouspensky）宝星。

9月24日

授予总理各国事务衙门所雇比利时律师吴德斯宝星。

10月5日

授予天津武备学堂德国教习斯拉郭费宝星。

10月22日

授予奥匈帝国驻沪总领事史谟格（N.Schmucker）宝星。

11月24日

授予西班牙驻华使馆参赞安敦、日本驻华公使矢野文雄宝星。

1月18日

因优礼华使，照料殷勤，授予俄国邮电局总办二等提督彼得洛甫等 10 人宝星。

1月24日

江南水师学堂暨"寰泰"练习舰教习英人彭耐尔迪兑服务期满，授予宝星。

1月27日

帮助中国监造"海龙"级驱逐舰出力，授予德国人普特法希等 5 人宝星。

2月11日

授予旗兵学营德国教习库恩宝星。

2月19日

授予朝鲜代办华民事务总税务司柏卓安等宝星。

2月24日

因救护难民，授予俄国海军军舰舰长尼晶宜尔弥列尔、水师游击阿列克斜耶福等宝星。

3月18日

以捐助地亩建俄文馆，授予俄商四达尔祚福宝星。

4月17日

以办事得力，授予税务司英国人戴乐尔宝星。

4月20日

武卫前军马队学堂教习俄国参将沃罗诺福等教习有效，授予宝星。

4月24日

因优待使臣，授予奥匈帝国外部大臣伯爵廓鲁霍甫斯基等宝星。

6月17日

联军进攻大沽炮台。

6月21日

清政府下谕，向来犯各国宣战。

8月14日

联军攻入北京，慈禧太后、光绪皇帝出逃。

1901年

3月30日

因办事出力，授予广东铸钱局监工洋员宝星。

4月3日

因力筹赈济，授予俄国护军统领参将聂威得木斯克等158人宝星。

6月5日

因守约笃交，授予俄国驻新疆塔城领事柏勒满（Borneman）宝星。以稽澂出力，授予代理江汉关税务司、梧州税务司何文德宝星。

7月2日

因保护出力，授予俄国王爵克轸多福等宝星。

7月4日

授予美国驻华公使馆参赞哲士宝星。

7月24日

"海容"舰洋员、原北洋海军"镇远"舰管轮巴西（L.Basse）在甲午战争中"镇远"舰触礁后抢救出险，经北洋海军提督丁汝昌申请颁发宝星，而后未果。经李鸿章奏请，补授二等第三宝星，并赏戴花翎。

总理各国事务衙门改为外务部。

8月2日

以严束兵丁，重惩扰累，授予黑龙江俄官聂格来索甫宝星。

8月15日

美国驻华使馆参赞司密德、俄国都司李希年克等4人办事得力，授予宝星。

9月7日

清政府与各国签订《辛丑条约》。

10月8日

授予德籍洋员金楷理宝星。

10月13日

授予驻英使馆洋文参赞洋员马格里宝星。

11月4日

以力顾邦交，授予俄国前任驻华公使格尔思（M.N.de Giers）等宝星。

11月9日

以捐助中国义赈，授予俄国哈巴罗甫总督阁洛迭阁夫等宝星。

12月13日

授予办理卢汉铁路总工程司洋员沙多宝星。

1月8日

以辑睦邦交，授予日本宫内省大臣德大寺实则等9人宝星。

1月10日

因庚子事变时日本军官严格约束士兵保护皇城，清廷命令驻日公使向日本天皇道谢，并索取相应有功官兵名录，以便颁发宝星。

2月5日

授予日本驻华公使馆一等翻译官小林光太郎三等第一宝星。

2月10日

以协理教案，授予法国驻云南蒙自总领事方苏雅（A.Francois）、副领事伯威宝星。

3月26日

以克敦睦谊，授予比利时代理驻华公使署贾尔牒（E.de Cartier de Marchienne）等宝星。

3月26日

授予俄国提督苏伯提池等宝星。

3月28日

以谊笃邦交，授予德国副领事贝特兰等宝星。

5月1日

因为约束洋兵从无滋扰，授予驻奉天俄员蝶西诺夫等3人宝星。

5月10日

以严约兵丁，劝募赈款，授予俄国驻黑龙江统领福登高五、帮办梅而耶诺甫宝星。

5月24日

以和商保护，有裨大局，授予葡萄牙驻沪领事华德师（Joaquim M.T.Valdez）等各国驻沪领事14人宝星。

7月5日

以处理教案完结，授予英国牧师罗约翰、傅多玛宝星。

7月16日

授予庚子事变期间办理长江沿线互保的各国领事宝星，计有：驻汉口英国总领事法磊斯（Evarard D.H.Fraser）、比利时总领事薛福德（D.Siffert）、德国领事禄理玮（Franz Grünenwald）、法国领事玛玺理（H.de Marcilly）、美国领事魏理格（L.S.Wilcox）、日本领事濑川浅之近；驻江宁英国领事孙德雅（A.J.Sundius）、德国领事尔增（von Oertzen）、美国领事马墩（Wm.Martin）。

以和商保境，授予驻福州、厦门美国领事葛尔锡（Samuel L.Gracey）、巴詹声（A.Burlingame Johnson）；英国领事佩福来（G.M.H.Playfair）、满思礼（Robert William Mansfield）；日本领事丰岛捨松、上野专一；法国领事杜理芳（J.J.Dunne）；德国领事谢弥沈（G.Siemssen）、梅泽（C.Merz）；荷兰领事高士威（John C.Oswald）；厦门税务司辛盛宝星。

以改办平粜，授予法国驻福州领事高乐侍（Paul Claudel）宝星。

7月19日

以协同保护，授予俄国驻新疆库伦领事施什玛勒福（Shishmarev）等宝星。

7月22日

以讲信守约，授予俄国驻新疆喀什噶尔领事撒特罗福斯克（N.F.Petrovsky）宝星。

8月2日

以匡助办款，授予华俄道胜银行代办巴乐克、前驻沪比利时总领事法郎机（E.Francqui）、驻汉比利时副领事魏来嘎宝星。

9月9日

江南制造局洋监工彭脱等办事勤奋，授予宝星。

10月4日

以庚子事变八国联军占领北京后，保卫宫禁出力，授予日本陆军中将男爵山口素臣等 90 员将校、陆军步兵特务曹长佐野源右卫门等 109 名士兵宝星。

10月13日

以联络邦交，授予法国外部大臣德嘉赛等，暨中国驻法公使馆洋员阿尔吗呢等宝星。

10月18日

办理中俄积案事竣，授予俄员潘特索福宝星。

10月25日

以办理直隶善后教案出力，授予洋员哲明等宝星。

10月26日

授予英国军官宝朗宝星。

12月3日

以拨助赈捐巨款，授予俄员索克宁宝星。

12月9日

授予参与议定《辛丑条约》的德、法、日、奥匈、意、比、西、荷兰各国议约使臣暨参赞、领事、翻译等宝星。授予日本同文会长近卫笃磨宝星。授予俄国驻华公使雷萨尔（P.M.Lessar）宝星。授予法国总主教赵保禄宝星。

12月27日

因进呈书籍，授予日本译员伊泽修二宝星。

1月13日

以收回天津机器局、大沽船坞，授予俄国参将金德理、都司吾拉过乌、守备克吸是黎亲宝星。

以交涉和衷，授予德国驻汕头领事施德礼（Ivo Streich）宝星。

以助擒防城匪首，授予法国教士包道源宝星。

以教授得力，授予广东水陆师学堂外国教习李家孜宝星。

1月22日

授予比利时子爵吴特勒莽等 14 人宝星。

授予法国翻译微习叶宝星。

授予美国外部副大臣蒲士等 2 人宝星。

授予日本亲王华顶宫博恭王等 46 人宝星。

1月26日

以办事公允,克顾邦交,授予俄国驻新疆伊犁领事斐多罗福（S.A.Fedoroff）宝星。

以和衷共济，潜弭衅端，授予驻烟台美国正领事法勒（John Fowler）、德国正领事连梓（Philipp Lenz）、俄国副领事吉勃里、法国署副领事业国麟（A.Guérin）、瑞典挪威国副领事顾林森（Otto Gulowsen）宝星。

以办事持平，赏俄国商约游生春马进财宝星。

2月17日
湖北武备学堂教习德国洋员福克斯教导出力，授予宝星。

2月26日
授予保护西贡华侨法国守备方苏雅等 2 人、款待华使日本外务省安毅等 3 人宝星。

3月28日
洋员云登襄办山西教案出力，授予宝星。

4月2日
授予巴西亲王禄佩希特等宝星。

5月4日
以敦联睦谊，授予俄国外部大臣兰姆斯多甫、柯乐斯托维次等宝星。

以随同签约议结教案，授予西班牙代理驻华公使贾思理（Don Manuel de Carcer y Salamanca）、法国前代理驻华公使贾斯那（M.Casenave）宝星。

5月6日
以救援遭风难民，授予俄国"满洲"轮船主易罗方肃宝星。

5月15日
授予俄国医官意万润撒此克等宝星。

5月28日
授予日本博览会总裁载仁亲王等 53 人宝星。

6月9日
以八国联军侵入北京时居中调辑出力，授予奥匈帝国人海格宝星。

6月13日

以交涉持平，授予法国领事祁理恒等 6 人宝星。

以集款助赈，授予美国驻广州领事默为德宝星。

7月15日

以美领事玛克爱福保护华侨，日本医官牧田太守护紫禁城，法员德康佩、德员穆赐克满等 9 人随使瞻觐，一并颁发宝星。

7月16日

授予代理江汉关税务司斌尔钦、德国驻汉口副领事延兴宝星。

8月2日

因使德、荷公使荫昌奏请，下令申明宝星的定式，要求统一制造。

8月8日

以交涉和平，授予驻黑龙江俄员博果牙楞等 11 人宝星。

8月11日

荷兰驻华公使欧登科（W.J.Oudendyk）克敦睦谊，德国军舰船长等拯救华民，授予宝星。

9月8日

以调和教案，授予德国驻华公使吕班、美国教士贺庆宝星。

9月10日

以教练洋操卓有成效，授予日本大尉井户川辰三宝星。

9月19日

授予俄员侧尔毕斯齐等、美员约翰西格卧而特等宝星。

9月29日

以八国联军侵华期间，美国驻华公使随员布鲁司协同守卫紫禁城出力；日本东亚同文会副会长子爵长冈护美、印刷局长得能通昌等笃顾邦交遇事赞助，一并授予宝星。

10月9日

以训迪有功，授予南洋公学教习美国人福开森宝星。

11月8日

以翻译各种训练章程出力，授予日员立花小五郎宝星。

11月18日

以库伦交涉办理和平，授予俄员达呢咧必出等宝星。

12月31日

授予法国主教蓝禄业等宝星。

授予奥匈帝国提督伯伦次耳、总兵白楼定根、副将诺耳、游击是波苇池，暨德国克虏伯厂总办嘉力治马、游击裴克尊汉、守备罗萨耳、提调石墨德宝星。

1月29日

授予襄办使事比利时参赞礼赫特、法国参赞巴纳司，以及救援华人的俄国船长齐待夫等宝星。

2月10日

日俄战争爆发，清政府宣布中立。

2月21日

授予福州税务司杜维德、厦门税务司阿纪理、东冲税务司欧森宝星。

4月20日

以教练洋操有效，授予德国教习特屯和恩、商睦伯宝星。

4月28日

湖北武备学堂教习德国人泰伯福实力讲授，日本人铸方德藏充当军幕兼授兵法，授予宝星。

5月2日

丹麦工程师林德参与天津海河工程出力，授予宝星。

5月17日

授予来华访问的德国亲王阿拉拜尔的随从人员宝星。

6月4日

因山东胶济铁路竣工，授予综理工程洋员锡贝德宝星。

7月10日

以办理中日商约出力，授予日本外务次官珍田舍已等21人宝星。

7月24日

外务部上奏，答赠葡萄牙宝星，并恭拟国书。

8月16日

以呈进书籍，授予日本东亚同文会柏原文太郎宝星。

8月17日

以办理四川武备学堂出力，授予总教习日本陆军步兵少佐松浦宽威宝星。

8月25日

广西镇南关关税增长，授予法籍税务司嘉兰贝宝星。

以在日本留学陆军的学生学有成绩，授予日本陆军第一师团长伏见官贞爱亲王等宝星。

10月23日

以交涉持平，授予俄国驻新疆塔城领事索格福（Sokow）宝星。

以遣使通好，赠予墨西哥总统第思雅（Porfirio Díaz）及其使臣等宝星。

以办事和平，授予意大利驻华公使嘎厘纳（Count Giovanni Gallina）宝星。

11月5日

授予美、日、法各国官绅宝星。

12月27日

以议结绥远城教案持平，授予法国参赞端贵花翎、随员雷登宝星。

以在华施医，授予意大利驻华公使馆医生儒拉宝星。

12月31日

因接待中国参加日本博览会使者，授予日本神奈川县书记官谷口留五郎二等第二宝星，警察碇山晋、官员内藤义一三等第三宝星，警察大里庆次郎、岩野熊三郎四等宝星。

2月16日

以辑睦民教，授予法国主教申永福（Ephrem Giesen）三品顶戴、德国驻济南委员贝斯等宝星。

3月24日

以约束军队，兵民相安，授予意大利副将何攻榴宝星。

4月3日

以道清铁路竣工，授予办工洋员金达二品顶戴、晏士地兰克等宝星。

4月21日

在中国参加美国波特兰世界博览会时襄助出力，授予美国官府大臣赛门等宝星。

以声名平常，撤销美国纽约矿员苏达利所获的宝星。

4月24日

以尽心训迪，授予南洋公学洋教习美国博士薛来西（Leacey Sites）等宝星。

授予意大利游击马德厘纳等宝星。

6月3日

以襄理学务，授予比利时内部大臣兼文部大臣段脱华士等宝星。

6月13日

授予奥匈帝国外务大臣果乐士奇头等宝星。

6月17日

上海鼠疫波及天津北塘时，帮助控制鼠疫劳绩卓著的法国医生梅尼、美国医生裴志理，授予宝星。

6月23日

以襄办交涉得力，授予德国使馆参赞拉德威宝星。

7月18日

以敦睦邦交，授予日本陆军少将仙波太郎宝星。

9月5日

日本与俄罗斯签订《朴次茅斯和约》，日俄战争结束。

10月24日

以办理交涉公允，授予俄国驻新疆伊犁领事裴多罗福宝星。

11月26日

授予意大利驻华公使馆参赞斯嵒尔扎、法国商务随员毕拉宝星。

12月16日

因京汉铁路建成，派使臣前来庆贺，授予比利时外部总办部禄宝星。

以办事平允，授予新加坡政务司奚尔智、工程司夏溥宝星。

12月26日

议订互寄邮件章程，法国参赞费镛办事公平，授予宝星。

1906年

1月5日

法国部长会议主席兼外部大臣胡微叶（Maurice Rouvier）顾念交谊、驻法德国总领事官仪美尔等接待周妥，授予宝星。

1月11日

以襄办会操得力，授予日本炮兵少佐坂西利八郎等职衔宝星有差。

2月14日

以照料调查，授予日本宫内书记官栗原广太宝星。

3月5日

中国驻比利时公使杨兆鋆上奏，请求参酌西方制度，由外务部重新厘定宝星章程。清政府责成外务部就此讨论。

授予供差勤劳的比利时驻天津领事嘎德斯（W.Henri Ketels）等2人，照料中国参加世界博览会的比利时工艺部大臣嵒朗各脱等18人宝星。

3月23日

因交涉持平，授予俄罗斯驻新疆伊犁领事斐多罗福（S.A.Fedoroff）宝星。

3月25日

以管兵严肃，授予俄员林答等12人宝星。

4月14日

以在事出力,授予比利时布鲁塞尔借款公司总董男爵巴依恩士等 17 人宝星。

以和衷交涉，授予比利时原驻华公使葛飞业（Baron E.de Gaiffier D'Hestroy）宝星。

以调停中国留日学生罢课，授予日本故同文会副会长子爵长冈护美宝星。

5月3日

以遇事和衷，授予德国驻天津领事爱格特（Eckardt）宝星。

5月4日

山东胶澳、高密两处德军撤退，授予德国驻胶办事大臣师孟等 6 人宝星。

以办理山东学堂医局、铁路巡警出力，授予德国主教韩宁镐等 7 人顶戴、宝星。

因襄办使事出力，授予比利时公使馆参赞来自嘎业等 2 人宝星。

因救治多人，授予德国医生古玛和宝星。

5月14日

以成效昭著，授予福建武备学堂日籍代理总教习务川信彦等 7 人宝星。

5月20日

以办学出力，授予山东高等学堂美籍教员古得西宝星。

6月3日

出使考察政治大臣载泽等电奏请示能否接受外国授予的宝星，奉旨准予收受。

6月5日

以交涉持平，教授有效，授予日本驻杭州领事大河平陆则、浙江武备学堂教习斋藤季治郎宝星。

6月17日

以巴塘教案议结，授予法国驻成都领事何始康宝星。

7月13日

授予意大利亲王随员海军统领马棱格等宝星。

7月22日

以遇事和衷，授予德国统领佛布雷等 12 人宝星。

7月27日

创办北洋无线电报有功，授予意大利海军游击葛拉斯宝星。

8月4日

以办事和平，授予俄国驻库伦领事古字名四科宝星。

8月10日

以译书北洋，勤劳数载，授予日本人佃一豫、渡边龙圣等 5 人宝星。

8月12日

以善体邦交，授予日本议约人员外务省顾问官美国人德尼孙、公使佐藤爱麿等 17 人宝星。

9月4日

授予西班牙侯爵都福等宝星。

9月11日

授予葡萄牙驻广州总领事穆礼时（J.D.da.Costa.de Moraes）暨德法葡各员等宝星。

9月14日

授予比利时驻上海副领事艾耐思宝星。

10月4日

以翻译出力，授予韩国礼式官李弼均宝星。

11月3日

德国驻华公使馆参赞庐克卜等 2 人驻华年久，比利时议员斯诺瓦襄办赛会，均授予宝星。俄国驻库伦副领事古字名四科加等换给宝星。

11月13日

因善待华侨，授予西贡各口岸法国官员濮柔尼等宝星。

11月23日

以优待考察政治大臣，授予东西洋各国人员宝星。

以接待贺婚专使，授予英国驻日大使等宝星。

12月1日
授予法国医生卜隆宝星。

12月4日
授予赏法国医学博士包佩秀宝星。

12月10日
以接待东游提学使，授予日本文部官员宝星。

12月11日
授予江南练将学堂日本教习宝星。

12月16日
以敦睦邦交，授予葡萄牙驻华公使白朗谷（José Azevedo Castello Branco）宝星。

以边境辑和，授予俄国官员布尔都阔斯齐宝星。

12月19日
以办事和衷，授予法国提督雷福禄宝星。

12月25日
以辑和军民，授予日本驻华公使馆参赞阿部守太郎宝星。

12月26日
以辑睦邦交，授予俄国外务员哈脱维宝星。

1907年

1月8日
以交还营口，授予日本驻营口领事官濑川浅之进宝星。

1月15日
奥匈参将福履格等约束兵丁、日本陆军中将藤井包等照料学生、警部荒川法光保护使馆，均授予宝星。

1月25日

以创办山西学堂，授予英国教士李提摩太（Timothy Richard）等封典宝星。

以照料赛会事宜，授予意大利工部大臣隆璞等宝星。

1月31日

以敦睦邦交，授予奥匈参议官、意大利内部大臣、比利时安凡士工业士维济蒙等宝星。

2月7日

以襄赞使事，授予税务司英员韩德森宝星。

3月4日

以施助医药，授予意大利医生儒拉宝星。

4月13日

意大利洋员孟洛义襄办北洋无线电报得力，授予宝星。

以遇事持平，授予俄国驻库伦副领事瓦礼帖勒宝星。

5月3日

授予美国驻华公使馆武官连那得宝星。

5月22日

因接待中国调查法制官员殷切，授予日本司法省大臣松田正久等7人宝星。

因稽征得力，交涉持平，授予山东胶州关税务司德国人阿理文、德国驻济南领事麦令豪（P.Merklinghaus）、青岛德国署理中军官都司甘敦西等9人宝星。

授予比利时驻华公使馆任期届满回国的参赞卢华义宝星。

6月11日

以裨益交涉，授予荷兰总领事阿福柯（G.D.Advocaat）、比利时副领事范璧屋利宝星。

授予前日本驻天津总领事伊集院彦吉等3人宝星。

7月12日

以俄军从东三省撤兵，授予俄国外务部大臣伊兹倭理斯齐等45人宝星。

7月22日

授予任期届满的墨西哥驻华公使郦华宝星。

8月15日

以日俄战争结束，给予筹办中立各员奖赏，江海关税务司好博逊（H.E.Hobson）等13人授予宝星。

9月13日

授予西班牙参议更萨来斯、意大利水师提督柏拉迪等4人，以及比利时公使随员梁阿美等2人宝星。

9月25日

以敦睦邦交，授予德国胶澳总督都沛禄（Oskar Truppel）宝星。

10月3日

日军从东三省撤军，授予相关日本官员伊藤博文、山县有朋御书画各一轴，授予桂太郎等6人宝星。

授予任满调职的比利时公使随员德瓦勒宝星。

10月6日

谕军机大臣，批准陆澂祥接受荷兰所赠宝星。

10月12日

因合同到期，供差勤劳，授予船政总监工洋员柏奥镗（Bertrand）三等第二宝星，船政前学堂总教习迈达二等第三宝星，医生威测海三等第三宝星，副监工达韦德、竺蒲匏和书记官德尔美四等宝星，监工萨巴铁与厂首薛法黎、泰贝、韦海五等宝星。

10月16日

以襄办交涉，授予奥匈帝国驻香港领事博思德（Nicholas Post）等13人宝星。

10月23日

因为照料华使考察政治，授予比利时铁厂经理万第仁宝星。

11月2日

以洋员遇事出力，授予日本陆军中将宇佐川一正等10人、俄国电政总理古肃夫等 10 人宝星。

11月5日

以随办中立出力，授予山海关税务司克立基等 4 人宝星。

11月12日

授予任期届满回国的比利时驻华公使馆武官吴特期宝星。

12月2日

正太铁路竣工，授予有功洋员埃士巴尼等 9 人宝星。

12月25日

以办事和平，约束严肃，授予日本驻华公使馆参赞中岛雄、陆军中佐稻村新等宝星。

12月27日

以教授兵学着有成效，授予江南陆师学堂德籍教习濮斯玛宝星。

1908年

1月4日

授予期满回国的德国驻华使馆参赞司智等宝星。

1月9日

因救护海关灯船有功，授予德国"美利"轮船船长宝星。

以实心授课，授予直隶工业学堂日籍教习藤井恒久宝星。

2月1日

以顾念邦交，授予驻旅顺日本陆军大将大岛义昌、驻奉天俄国参将客清士等宝星。

2月8日

因恪守约章，授予驻沪总领事阿福柯宝星。

2月15日

授予期满回国的法国驻重庆总领事安迪（Pierre Bons d'Anty）、医生穆礼雅宝星。

2月21日

饬外务部厘定奖给宝星章程,并恳将此次在会办事本国人员一律奖给宝星。

以协助勤劳，授予荷兰外务大臣方戴次等8人宝星。

2月24日

以办理税务出力，授予浙海关管理常洋各税税务司辛盛等宝星。

2月28日

以会订合同,授予德国驻华公使馆头等参赞耿尼慈、电政局总管德联升等宝星。

3月2日

因接待华使，授予瑞典外部头等参赞尔连遂等9人宝星。其前已获得宝星的瑞典外部大臣脱劳拉换发高等宝星。

3月25日

因悉心赞助，授予日本炮兵中佐阪西利八郎宝星。

4月4日

以倾心内向，授予梭罗国王宝星。

4月13日

电谕，德皇颁给何彦昇等7人宝星准其收受。

4月15日

因顾全睦谊，授予比利时驻汉口副领事范师德宝星。

4月21日

因办学出力，授予京师大学堂日籍教员服部宇之吉等宝星。

4月24日

署理山东巡抚袁树勋上奏询问日本授予其宝星应否佩戴。得旨:准其收受。

4月28日

以议办教案平允，授予吉南赣宁主教法人柏渤史宝星。

5月17日

批准吉林参领讷荫佐领常升收受俄皇奖给宝星。

5月21日

以充当使署翻译出力，授予奥匈代理香港领事沙谔文、代理卫兵统领贺爱坤、驻津管带卫兵都司何迈尔宝星。

6月10日

以期满回国乞恩，授予荷兰驻华公使馆参赞德斯贝宝星。

6月24日

以效力中朝，各著劳勋，授予北洋水师武洋员丹麦海军都司甘安德等14人宝星。

6月30日

以款接殷勤，授予日本宫内大臣田中光显等47人宝星。

7月2日

批准署直隶总督杨士骧等、署布政使何彦昇等收受德日俄国所赠宝星。

7月7日

因沪宁铁路竣工，授予总工程司洋员格林森宝星。

7月8日

批准广东陆路提督秦炳直收受法国所赠宝星。

7月10日

授予任满回国的意大利驻华公使巴乐礼（Carlo Baroli）、代理公使博尔济斯（Don Livio Borghese）宝星。

7月12日

以照料中国留学武备学生出力，授予日本陆军中将福岛安正宝星。

7月16日

以办理交涉和平，授予德国驻江宁领事盖萨特、商人窦伯师宝星。

7月18日

以办理交涉，力顾邦交，授予俄国驻新疆伊犁领事斐多罗福、电局官库洛特肯、商约游生春、马进才宝星。

7月22日

批准出使意大利大臣黄诰收受意大利所赠宝星。

8月11日

批准出使大臣李家驹收受、佩戴日本所赠宝星。

授予法国驻华公使馆代理武官伯理索宝星。

8月18日

批准东三省总督徐世昌、奉天巡抚唐绍仪收佩日本天皇所赠宝星。

9月6日

批准奉天参赞钱能训等 4 人收佩日本天皇所赠宝星。

9月11日

授予出使美国兼考察各国财政大臣唐绍仪宝星。

9月21日

以办理交涉，遇事和治，授予奥匈代理卫兵统领梅业连宝星。

9月27日

授予意大利驻云南蒙自领事戈理玛尼德（Comte P.L.Grimani）、副领事师谋等宝星。

10月11日

授予法国外部总文案踞大斯达等、葡萄牙玛规士省行政大员唐泰特等宝星。

10月22日

以训导得宜，授予直隶师范学堂日籍教习关本幸太郎等宝星。

10月24日

以整顿税务，赞助交涉，授予海关税务司庆丕宝星。

11月13日

授予任期届满回国的俄国公使廓尔维慈等、德国正军校英格等宝星。

12月20日

以编辑勤恳，授予法国子爵窦伦等宝星。

12月31日

以睦谊真挚，授予德国外部大臣舒恩等宝星。

1909年

1月9日

以顾全睦谊、撤退军队，授予日本陆军步兵中佐水野胜太郎等宝星。

以任期届满回国，授予意大利海军统领吕贲等宝星。

1月13日

授予任期届满回国的法国驻华公使巴思德（Edmond Bapst）宝星。

1月18日

授予总理外务部事务庆亲王奕劻头等第二宝星；外务部会办大臣大学士那桐、署外务部尚书会办大臣梁敦彦头等第三宝星；外务部左侍郎联芳、署外务部右侍郎邹嘉来二等第一宝星；出使德国大臣荫昌、头等第三宝星；出使英国大臣李经方、出使俄国大臣萨荫图、出使法国大臣刘式训、出使美国大臣伍廷芳、出使日本国大臣胡惟德、出使和国大臣陆澂祥、出使奥国大臣雷补同、出使义国大臣钱恂、出使比国大臣李盛铎二等第一宝星。

1月19日

授予日本枢密顾问官伊东已代治等宝星。

1月30日

授予西班牙驻沪领事亚理阿斯（A.Fernandez-Arias）、使馆参赞密阔达三等第一宝星。

2月18日

以美国大白舰队来华游历，授予美海军少将伊摩利（Emory Sperry）、施罗达（Seaton Schroeder）等宝星。

3月12日

以教练留学生出力，授予奥匈军官劳毕等宝星。

3月22日

以军民和洽，授予驻天津日本陆军少将中村爱三宝星。

以减撤京津兵队，授予德国统带游击巴司福等宝星。

授予任满回国的意大利驻华公使馆卫兵队统带海军游击贝德孟迪宝星。

3月26日

电谕徐世昌，批准收受佩戴日本天皇授予陶大均等的勋章。

3月30日

电令出使美国大臣唐绍仪，批准其收受奥匈帝国赠给的宝星。

4月2日

授予遵守约章的法国驻沪候补领事贾雅宝星。

清廷将贝勒载涛等上奏的请饬拟各项勋章方案，交由外务部、陆军部、会议政务处讨论议奏。

贝勒载涛上奏请制爵章制度，谕令其详慎妥拟具奏。

4月3日

以调和中外，授予意大利总领事衔前驻沪领事计细（E.Ghisi）宝星。

4月6日

电谕出使美国大臣唐绍仪，批准收受德皇赠给的宝星。

4月10日

授予署外务部会办大臣、大学士世续头等第三宝星。

4月25日

电谕出使大臣唐绍仪，批准收受俄皇赠送的宝星。

4月28日

以襄助调查电政接待优异，授予葡萄牙邮电督办毕利雷等宝星。

4月30日

以办理关务著有劳绩，授予税务司甘福履宝星。

5月17日

电谕出使大臣唐绍仪，批准其收受比利时国王授予的宝星。

5月20日

清廷命贝子衔镇国将军载振前往日本、法部尚书戴鸿慈前往俄国，分别呈递国书答谢。为此授予载振头等第二宝星、戴鸿慈头等第三宝星。

5月27日

上谕批准贝勒载涛等奏拟的爵章制度，嗣后凡王公世爵进入军队者，一律由载涛等遵照制度发给佩戴。

6月19日

授予署农工商部右丞左参议祝瀛元、外务部左参议周自齐、候补三四品京堂署农工商部左参议诚璋二等第二宝星，授予直隶候补道冯国勋二等第三宝星。

授予出使比利时大臣杨枢二等第一宝星。

6月20日

授予东省铁路俄文学堂俄教习卜郎特三等第一宝星。

6月21日

授予湖北日籍教习铸方德藏二等第二宝星。

6月27日

授予日本派交南满洲电线田中次郎等2人三等第一宝星、牧直二等2人三等第三宝星、水川富车等3人四等双龙宝星。

6月30日

授予回国的日本武官林二辅等6人二等第三宝星、园田元助等12人三等第一宝星、太田顺次等13人三等第二宝星、土屋重俊等3人三等第三宝星。

7月5日

电寄专使日本大臣载振，批准祝瀛元等收受日本天皇颁发的宝星。

7月6日

驻奉大日本领事送到日皇授予奉天各员的宝星：梁如浩二等宝、王怀庆三等宝星、沈承俊等4人四等宝星、倪文德等4人五等宝星、徐思明等2人六等宝星。谕旨，批准收受佩戴。

7月9日

电谕出使俄国大臣戴鸿慈，批准收受俄皇授予其暨参随等的宝星。

电谕出使大臣萨荫图，批准收受俄皇授予其暨馆员等的宝星。

电谕出使大臣胡惟德，批准收受日本天皇授予其的宝星。

7月12日

因和衷兴学，授予奥匈帝国洋员阿克第三等第一宝星。

7月22日

因深明睦谊，有裨邦交，授予奥匈帝国前驻天津领事贝瑙尔（Karl Bernaüer）等宝星。

因遇有交涉，和衷商办，授予法国驻天津领事高禄待（Paul Claudel）宝星。

7月23日

批准陆军部收受日本授予其尚书等的各项宝星。

7月24日

电谕出使大臣荫昌，批准沈瑞麟收受德皇授予的宝星。

7月30日

授予任期届满回国的法国赏驻天津提督徐熙雍等宝星。

8月8日

电谕陈夔龙，批准收受日本天皇授予的宝星。

8月9日

以办理交涉和平，授予西班牙外部秘书杜来思等宝星。

8月14日

授予出使大臣张荫棠、吴宗濂二等第一宝星。

8月15日

授予贝勒载洵、载涛、毓朗一等第二宝星；授予陆军部尚书铁良、海军提督萨镇冰一等第三宝星；授予陆军部侍郎寿勋、署侍郎姚锡光二等第一宝星。

8月19日

授予任期届满回国的意大利前代理公使牟纳格（Attilio Monaco）宝星。

8月29日

因敦睦邦交，授予比利时外部大臣达微浓等宝星。

9月3日

以遇事勷助，授予扎龙州法国代理领事伯乐福（F.P é lofi）等宝星。

9月9日

以接待殷勤，授予俄国莫斯科陆师团司令官世爵迫赖威等宝星。

9月15日

电谕出使大臣杨枢，批准其收受比利时赠送的一等宝星。

9月18日

以参与谈判中巴公断条约出力，授予巴西男爵阿思特隆宝星。

9月22日

又谕出使大臣杨枢，批准其收受丹麦所授予的头等宝星。

海军处上奏，拟请授给载洵等出洋考察海军官员宝星。圣旨批示，先赏给梁诚、曹汝英，其余随员暂缓授予。

海军部上奏，拟请授予筹办海军事务处参赞谭学衡宝星。奉旨暂缓颁发。

10月10日

专司训练禁卫军大臣贝勒载涛等奏、制造爵章式样，并拟定颁发章程及颁发礼节。奉旨颁行。

10月14日

授予郡王衔多罗贝勒载洵、载涛郡王爵章；多罗贝勒毓朗贝勒爵章；不入八分辅国公衔镇国将军载博、溥侗不入八分辅国公爵章。

11月14日

授予任满回国的经理铁路借款代表英国人濮兰德（John Otway Percy Bland）宝星。

11月22日

电谕专使大臣贝勒载洵，批准其收受英国授予的宝星。

电谕出使大臣李经方，批准收受英国授予的宝星。

11月27日

以编纂论说，有益交涉，授予德国人胡恩宝星。

12月5日

授予福建高等巡警学堂教习日本人佐仓孙三宝星。

12月17日

因奉进书籍，授予日本伯爵大隈重信头等第三宝星。

以东西各国人员在奉天办事有年,授予日本陆军中将男爵安东贞美等宝星。

12月27日

因奖励美术，授予意大利艺术家齐尔迈宝星。

1月2日

以办理交涉和平，授予法国驻津副领事兰必思宝星。

1月16日

授予日本、瑞典、丹麦、比利时等国外部大臣等宝星。

1月18日

批准贝勒载洵等收受俄皇所赠宝星。

1月26日

因谊笃邦交,授予秘鲁外部副大臣吕渥等、巴西国外部大臣白兰谷等宝星。

1月29日

批准两江总督张人骏收受德皇所赠宝星。

3月1日

批准察哈尔副都统额勒浑收受比利时授予的宝星。

3月6日

授予出洋考察陆军随员记名副都统李经迈等宝星。

3月18日

授予北洋师范学堂日本教习中岛半次节三等第一宝星。

3月25日

授予德国驻沪副领事丰理特三等第一宝星。

3月30日

电谕考察陆军大臣载涛，批准收受日本天皇授予的宝星。

4月20日

授予比利时驻沪副领事瓦度等宝星。

4月28日

授予法国驻四川重庆领事白达宝星。

5月7日

邮传部上奏，申请授予正太铁路洋员宝星。

5月27日

电谕考察陆军大臣贝勒载涛，批准收受法国授予的宝星。

5月30日

以保护华商，遇事襄助，授予墨西哥民政部部长格兰、外务部长嘎丽、财政部部长郦满杜、驻美公使拉瓦腊、外务部副部长刚伯等宝星。

授予在正太铁路工程出力的厂首法国人阿拉伯塞等宝星。

6月2日

电谕考察陆军大臣贝勒载涛，批准其收受德皇授予的宝星。

6月6日

电谕出使日本大臣胡惟德，批准收受日本天皇授予的勋章。

6月9日

授予山西英国教士苏道味（Arthur Sowerby）宝星。

6月17日

电谕陕甘总督长庚，批准其及兰州道彭英甲等收受比利时授予的宝星。

6月19日

授予德国上议院议员黑师、前驻沪德副领事胡思格等宝星。

6月28日

电谕出使大臣贝勒载涛，批准收受奥匈帝国授予的宝星。

7月9日

电谕载涛，批准收受意大利授予的宝星

7月16日

授予出使日本大臣汪大燮宝星。

8月5日

授予接待中国考察大臣的英、俄、德、法、奥匈、意大利等国人员 106 人宝星。

8月6日

电谕出使大臣荫昌，批准收受德皇授予的宝星。

8月9日

授予出洋考察海军人员冯恕等 10 人，以及海军部参赞谭学衡宝星。

8月11日

授予赴英、德、法国观操各员吴禄贞、冯耿光、程经邦等宝星。

8月14日

授予代理总税务司安格联（Francis Arthur Aglen）二等第二宝星。

8月28日

授予意大利提督嘎萨讷瓦二等第二宝星。

授予驻烟台各国正副领事法勒（John Fowler）等 19 人宝星。

9月17日

以和平公正，授予德国水师提督恩格诺尔等宝星。

以格守约章，授予法国正主教常明德三品顶戴、前代理荷兰副主教总司铎孔诺完四品顶戴、济南德国医院医生钊卜德等宝星。

9月27日

以管教严整，遇事赞助，授予法国教士林懋德宝星。

9月30日

授予出使大臣刘玉麟、沈瑞麟宝星。

10月12日

经专司训练禁卫军大臣贝勒载涛等奏请，授予管理陆军贵胄学堂事务贝勒载润贝勒爵章。

10月17日

以力顾邦交，授予法国驻广西总领事魏武达等宝星。

以教练留学武生出力，授予奥匈帝国军官陶尔卢斯男爵等宝星。

10月27日

电谕贝勒载洵等，批准收受日本授予的勋章。

10月28日

出使比利时大臣杨枢因病解职，由农工商部左丞李国杰充任，授予李国杰二等第一宝星。

11月6日

以竭诚襄助，授予德国驻奉天领事韩根斯（E.Heintges）、驻哈尔滨领事韩赐宝星。

11月7日

以招待中国考察陆军官员，授予日本陆军中将长冈外史等、美国正参领司开勒等、法国统领德康佩等、德国都统克司乐等、奥国陆军部大臣动那依虚等、义国副都统施宾嘉的保禄等、俄国陆军部大臣苏霍木林等宝星。

11月24日

授予内阁学士那晋二等第一宝星。

11月26日

云南边境叛兵过界，法军截剿交犯出力，授予法国越南总督葛罗比哥斯等27人宝星。

授予任满回国的意大利驻华公使馆武官嘎经利雅宝星。

12月15日

电谕出使大臣雷补同，批准收受奥匈授予的宝星。

1月4日

以顾念邦交，授予奥匈帝国外部大臣爱伦搭尔等4人宝星。

1月7日

授予赴德国参加万国卫生会监督章宗祥宝星。

1月15日

授予原日本驻南京领事井原真澄宝星。

2月26日

镶蓝旗蒙古都统张德彝上奏揆度今日时势必当施行者四事，其中包括佩戴宝星一项。

2月28日

以办理交涉和平，授予意大利驻华公使巴达雷（Guide Amedeo Vitale）、比利时驻天津副领事斐德门宝星。

3月9日

授予陆军贵胄学堂蒙旗监学旧土尔扈特郡王帕勒塔藩属郡王爵章。

3月15日

授予外务部左丞施肇基二等第二宝星。

3月20日

以保护华侨有功，授予俄国海参崴商口总办水师五品男爵挑贝等二、三等宝星。

授予接待中国考察官员的日本、俄、意大利、德国各官一、二、三等宝星及品物。

外务部等奏呈勋章章程及颁发办法，获准。

4月9日

授予商务赛会洋员、比利时上议院议员窦伯来等；汴洛铁路借款公司总董比利时洋员德色爱等；德国驻汉口领事米雷尔（Max Müller）等宝星。

4月12日

授予出访欧美的"海圻"巡洋舰统领程璧光等宝星。

4月26日

电谕两江总督张人骏，批准前出使德国大臣杨晟佩戴德国授予的宝星。

5月12日

襄办荷兰领事条约出力，授予驻荷兰使馆参赞王广圻宝星。

授予两江师范学堂日本教员宝星。

以交涉持平，授予德国驻厦门领事梅泽（C.Merz）宝星。

5月13日

授予钦差大臣东三省总督赵尔巽、直隶总督兼北洋大臣陈夔龙一等第三宝星。

5月23日

电谕东三省总督锡良，批准收受佩戴日本天皇授予的勋章。

5月24日

以襄助中国考查宪政，授予日本大藏省主税局长管原通敬、行政裁判所评定官清水澄、司法省参事泉二新熊宝星。

5月25日

授予农工商部右参议邵福瀛、外务部参议上行走廖恩焘宝星。

6月16日

以防疫出力，授予美国医生杨怀德、英国医生孙继昌等宝星。

以论断韩国归还我国借款，授予日本驻韩统监府外务部参与官等宝星。

6月22日

电谕载振，批准收受佩戴英皇颁给的维多利亚头等宝星。

以教育有方，授予日本教员美代清彦等宝星。

授予禁卫军军咨官固伦额驸品级世袭一等诚嘉义勇公麟光固伦额驸爵章。

6月24日

授予外务部右侍郎曹汝霖、左丞高而谦、左参议曾述棨、右参议陈懋鼎宝星。

6月28日

因考校工作成效昭著，授予江南制造局总检查洋员哈卜们宝星。

以办理交涉，授予意大利驻蒙自领事德罗斯（Gerolamo de Rossi）宝星。

7月10日

因办事公允，授予奥匈帝国原驻沪总领事沈迪迈宝星。

7月21日

以课导认真，授予南洋海军学堂教习洋员孟罗、彭约翰等宝星。

8月2日

以顾重邦交，授予俄国内部大臣兼首相斯笃列宾等宝星。

8月23日

批准前任山西巡抚丁宝铨佩戴意大利授予的宝星。

9月22日

批准奉天民政使张元奇、交涉使韩国钧、道员祁祖彝、直隶州知州王恩绍等收受佩戴日本天皇授予的勋章。

9月23日

授予原海关总税务司赫德之子赫承先二等第三宝星。

9月29日

授予法国驻华北军队统带协都统贝拉阁、河南优级师范学堂日本教员饭河道雄宝星。

10月7日

批准交涉使王克敏等收受比利时授予的宝星。

10月10日

武昌起义爆发。

10月11日

授予赏直隶法政学堂教员日本甲斐一之等、上海浚浦局总营造荷兰人奈格（J.C.Ryke）宝星。

10月14日

批准外务部尚书梁敦彦收受佩戴奥匈国王授予的头等铁冕宝星。

11月13日

批准恰克图地方紧接俄疆前任章京那丹珠斯塔尼斯拉瓦收受佩戴俄国授予的三等宝星。

12月11日

以著有劳，授予日本商人高木洁等宝星。

以帮同疗疫，授予俄国医学博士萨巴罗尼宝星。

授予大东大北电报公司洋员总办史格道等宝星。

12月22日
贝勒载涛等上奏，将颁发爵章事务移归内阁核办。

1912年

1月1日
中华民国临时政府在南京成立，孙文宣誓就任临时大总统。

2月12日
隆裕太后颁懿旨，宣布清帝让位于中华民国。

7月29日
中华民国勋章令颁布。

后记

初识清代的宝星勋章，大约是二十年前的事。当时在互联网上偶然见到一张光绪二十三年版双龙宝星（收藏界所称的第二版双龙宝星）的实物图片，第一次面对这种清代勋章的真容，其中西合璧的独特造型风格让人印象深刻。几乎就是在其映入我眼帘的一瞬之间，我对这种百年前中国国家勋章的浓厚兴趣便油然而生。

这以后，因为个人渐渐踏上探寻中国近代海军史、甲午战争史的学术之旅，翻检、阅读有关清末历史的史料文献成了必做的基础功课，在梳理晚清的军政风云，搜寻有关那时中国近代化海军的点滴记录时，史料的字里行间经常会闪现出"宝星"这个名词，而每次的这种相遇，也都如同是和老友久别重逢一般，倍感亲切。

不过，最初对于宝星还根本谈不上研究，甚至还谈不上全面了解，只是一个纯粹的爱好而已。个人开始对清末宝星的历史加以研究，算是研究海军史的"副产品"。

首先是 2003 年至 2005 年参与威海"定远"纪念舰的复原建造、主持展陈设计和制作的期间，为了尽可能直观体现有关清末北洋海军的细节制度，对当时很多北洋海军洋员，尤其是在甲午战争中立功的洋员所获得过的光绪七年版双龙宝星（收藏界称为第一版双龙宝星）加以特别关注，搜集了大量的相关资料，对这种双龙宝星的制度、形式进行了深入考究，而这也是个人对宝星谈得上研究的开始。

再就是到了 2015 年至 2016 年，因为撰写清末船政的历史，大量研读 19 世纪 60 年代左宗棠、李鸿章等清代军政大佬的书信、奏稿，因为兴趣所及，对出现于这一时期的早期金宝星、功牌的历史做了较为系统的梳理。也就是在此期间，和国内首屈一指的勋赏文化研究和推广机构、《号角文集》的出品方号角工作室负责人唐思先生交流时，多有谈及对早期宝星源流变迁的种种发现收获和认识心得。号角工作室热情建议我进行一些宝星历史的写作，但自感研究浅显，且因种种公私事务缠身，只得推脱再三，至为惭愧。

时至 2018 年，与号角工作室交流时再度谈到了清代宝星以及宝星专书的写作，更加图书出版策划机构指文文化的极力推动，我贸然从命，在朋友和家人们的支持鼓励下，终于在 2019 年新春来临之际完成了本书的写作，也为自己和宝星的缘分故事增加了一条长长的注脚。

本书主要以公开出版的《筹办夷务始末》《上谕档》《清实录》等史料档案和《左宗棠全集》《李鸿章全集》等个人文集为基础，并利用了一些未刊材料和海外档案，同时参考借鉴了此前中外研究者的研究成果。通过逐一梳理和仔细分析史料，对清代宝星勋章产生、变迁的历史，进行了总体的叙述、描画，勾勒出了从 1863 年直隶创制金宝星，到光绪三年版双龙宝星、光绪二十七年版双龙宝星、宣统朝爵章，及至清末未及全面实行的新勋章，这一整条清末西式勋章制度发展的完整脉络。

在清代宝星的历史中，宝星的代代变迁，其绚丽夺目不仅仅体现于外在的宝星形式上的直观变化，其内在的制度变迁同样值得注目。作为一种完全舶来的西洋制度，宝星/勋章被引入 19 世纪的中国，从最初藏在"功牌"名义下的遮遮掩掩，到名正言顺采用宝星之名，厘定章程，再到最后采用勋章名义，构建更为完善的制度规章，这种一点点渗透入中国传统制度，及至发生了不啻改革般的质变过程中，能够体会到主政者们的用心良苦，感触到那时中国近代化变迁的时代脉搏。可以说，宝星的历史，就是清末近代化变革大历史的缩影，理解了这一点后再看那一座座凝聚百年风云的宝星，更可以感受到其动人之处。而经历了近半个世纪发展，在清末宣统朝趋于完善的清代西式勋章制度本身，虽然到了 21 世纪的今天，实际仍不乏参考价值。

本书的写作过程中，号角工作室始终热情关注，提出了大量宝贵的意见，并为本书提供了大量的配图，使得全书获益、增色。此外，中国船政文化博物馆为本书提供了重要的资料和图片支持，江宇翔、张义军等海研会诸友给予了一如既往的研究支持，北京史地民俗学会副会长、中国圆明园学会学术专业委员会委员刘阳先生盛情为本书作序。在此一并致以由衷的谢意！

陈悦

2019 年 3 月于威海

摘要

对于熟悉中国勋章的收藏家来说，双龙宝星是再熟悉不过的一款勋章了，四周有一圈星芒状的纹饰，上面盘踞着两条银龙，蓝宝石镶嵌其中，中心位置则是一颗小红珊瑚，这样的造型非常有中国特色，与其说这是一枚仿造西方形制的勋章，不如说是一件充满东方神韵的艺术品。这款勋章的重要意义在于使中国从顶戴、花翎、黄袍马褂的赏赐制度转变为近代与世界接轨的勋赏制度。尽管它最初是一款专赏洋人的勋章，清政府寄予了太多的外交期望，但也正是它开启了中国勋赏制度的先河。

1862 年，同治元年正月，太平军与清军在江浙等地鏖战正酣，为了彻底消灭太平军，内忧外患的清廷终于决定利用洋人的力量"借师助剿"。此后，以华尔为代表的一批外籍洋员凭借战功等其他领域的功劳获得清廷官号等奖励。而在清廷给有功洋员颁发的奖励中，功牌因类似西方的勋章，所以最受洋员欢迎，所谓功牌，最早是清朝发给八旗军功人员的奖赏，上面书写所立功绩年月，钤用兵部印，常见的有类似于奖状的纸质和银质两种。洋人对于功牌的热情令清廷颇感意外，并得出了"功牌为洋人所重，无论或赏银两或赏物件，均不可无功牌"的结论。

时任北洋通商大臣的李鸿章和三口通商大臣崇厚，由于和洋人接触频繁，分别向清政府提出了仿照外国宝星（勋章）式样改铸金银牌和功牌以奖赏洋人的请求。

改造后的功牌叫作"金宝星"，分为四个等级，背面纹饰均为双龙，银牌背面作螭虎文，正面皆铸御赐字样，专门颁发给在华"助剿"出力的外国军事人员。

多方努力下，光绪七年（1881 年）清廷设立《奏定宝星章程》，章程统一了宝星的名称、等第、藻饰、执照制造颁赏程序。"中国之旗帜，向例绘龙文为识"的特点，成为宝星之上"錾以双龙"的由来，并由此得名"双龙宝星"。章程一经颁发，立刻通行各省，宝星颁发的案例和次数一时激增。统一样式的双龙宝星，因为更加接近于西式勋章，受到了洋人的欢迎。

随着太平天国被镇压，西学中文化和民生的内容，重新被重视起来，越来越多的教育家、医生，甚至是科学家得到了双龙宝星的赏赐，改革后的宝星不但被用来奖赏有功的洋人，还像西方的勋章一般具有一种礼仪上的功能。德国、比利时、日本等国家的君主、勋爵、要员，都曾经收到过中国赠送的高等级双龙宝星。

光绪二十九年（1903 年），宝星的照式制造全权归由外务部管理。而早在光绪二十二年（1896 年）已经对双龙宝星的形制做出了重大改变，更加向西方的勋章体系和佩戴习惯靠拢。最初宝星"专赠给各国人员，以示联络邦交，特加优异"。而中国人不但没有获得宝星的资格，甚至连佩戴外国勋章也受到了严格的限定。随着中外交往的日益加深，清政府遂于光绪三十四年（公元 1908 年）八月宣布，"双龙宝星"今后不再仅限于颁赠外宾，同时也颁赏给清朝外务部堂官及出洋各使，用以便宜行事。而佩戴勋章所带来的新鲜感，以及勋章所代表的西方价值文化的诱惑，则形成了一种新的风尚。很快，勋章再也不是涉外官员和洋务派大臣的专属，许多职能部门的大臣都以佩戴勋章为荣。由于这种授奖对象的变化，颁赏宝星事项随即由外务部移交到了内阁制诰局。

随着宝星的对内颁发，人们逐渐意识到中国宝星的设置过于简单，而且勋章样式大同小异，不易区分辨识。最终，经过外务部、海军部、会议政务处反复斟酌修订，清朝最后一套勋章章程在宣统三年（1911 年）二月得以颁布，并设立了专门负责颁赠勋章事宜的勋章局，暂附于外务部，颁赠范围更是无论官民。虽然清王朝同年灭亡，但中国勋章制度完成了与世界的接轨，中国的勋章制度也摆脱了局限于外交的羁绊，更多的平民开始有机会凭借实际的功绩与贡献获得勋赏。一个更加公平、完善的民国奖赏制度也由此肇始。

龙
星
初
晖
｜
清
代
宝
星
勋
章
图
史

Summary

Order of the Double Dragon is not an imitation of western style orders, but on the contrary, reflects the traditional Chinese style. The value of this order lies in the fact that it replaced the old honor system, from then on China had switched to the new system for the rest of the world – awarding orders. Despite the fact that the order was originally intended for foreigners, it marked the beginning of the modern Chinese order system

In 1862, the Taiping army and the Qing army fought fiercely in Jiangsu and Zhejiang. In order to completely defeat the Taiping army, the Qing government, torn by internal and external conflicts, decided to resort to foreign aid. For the dispersal of civil unrest was hired foreign troops. After successfully suppressing the uprising, a number of foreign troops received awards for military merit, as well as official titles. The most famous of these was the American sailor Frederik Townsend Ward. The form of the Qing medal was very much liked by foreign military, largely because it was similar to the European one. The so–called Qing Medal of Merit was awarded by the dynasty of the eight–named army from the beginning. The form of the medal was similar to the certificate of honor, it could have been made from both paper and silver. The excitement of foreigners with this award surprised the Qing government. According to the recollections, the foreign military admired the Merit Medal so much that they valued it more than jewels and money.

The idea of awarding foreigners with medals belongs to Li Hongzhang and Chong Hou, as they often had to communicate with foreigners. They appealed to the Qing government with a request to create gold and silver medals for services on the Western model to encourage foreigners.

The introduced medal was named "Golden Precious Star", it was divided into four degrees. Its backside was decorated with a double dragon, as well as a dragon and tiger ornament. On the front side it was written: "The Highest Gift". Such a medal was intended for foreign military personnel who helped disperse civil unrest in China.

In 1881, the Qing Government issued a charter "On awarding the order of a double dragon". It established a unified procedure for assigning degrees and issuing licenses of the order. And also the standard of a order was defined. The image of the dragon is the main attribute of this award, as the dragon is a kind of symbol of China. The charter was implemented immediately after publication. The number of cases awarding the order of a double dragon has increased dramatically. The Order of the Double Dragon was liked by the foreign military because it was very similar to the Western order.

After the Taiping Kingdom of Heaven was destroyed, western influence in

China increased even more. More and more teachers, doctors and scientists who worked in China received the Order of Double Dragon. It is used not only for foreign military personnel, but also representatives of the supreme power of foreign states. Emperors, lords, key members of the governments of Germany, Belgium, Japan and other countries received the order of a double dragon of the highest degree.

In 1903, during the reign of Emperor Guangxu, the Ministry of Foreign Affairs of the Qing Empire proposed a new order system project. The type of award, noticeably modified as early as 1896, was noticeably closer to its European counterparts. At first, the order was awarded exclusively to foreign nationals in order to strengthen diplomatic relations. The Chinese themselves not only could not be awarded this order, but also treated very scornfully the European awards. With the development of relations between China and foreign countries, the attitude of the Chinese to this order has changed. In 1908, the Qing government announced that from now on Order of Double Dragon besides foreign citizens could be presented to the heads of departments in the Ministry of Foreign Affairs and Chinese diplomatic representatives. After some time, the presence of such medals ceased to be the privilege of diplomatic servants. Now this practice has spread to officials in other administrative departments. In the end, wearing Western-style award has become commonplace in Chinese official circles. In view of these changes, the cases on awarding orders were transferred from the Ministry of Foreign Affairs to the Department for drafting the imperial decree under the Cabinet of Ministers.

The fact that now officials of all departments could be awarded with orders, as well as the fact that these awards differed little, gave rise to the problem of developing a common standard for awards. As a result of repeated discussions between the Ministry of Foreign Affairs, the Navy and the Supreme Administrative Administration, in 1911, the last charter "On the Orders of the Qing Empire" was published. According to this charter, any citizens of China to be awarded orders were established by the Directorate of Orders, which then temporarily belonged to the Ministry of Foreign Affairs. All this brought the system of orders of China closer to European ones.

After the fall of the Qing Empire in late 1911, the presentation of orders ceased to be the prerogative of diplomats, now a large number of ordinary people could be awarded orders for services. Began the history of the award system of the Republic of China, which has become more fair and perfect.

龙星初晖——清代宝星勋章图史

Zusammenfassung

Für Sammler, die mit der chinesischen Orden vertraut sind, ist der Orden vom Doppelten Drachen eine bekanntere orden. Es ist mit einem Kreis von sternförmigen Dekorationen umgegeben. Darauf sind zwei silbernen Drachen und Saphir unter ihnen eingelegt. Die zentrale Position ist eine kleine rote Koralle. Ein solches Aussehen ist sehr chinesisch, nicht so sehr eine Imitation der westlichen Form der Orden, sondern eher ein Kunstwerk voller orientalischer Charme. Die Bedeutung dieser Orden liegt in der Transformation Chinas vom Belohnungssystem der traditionellen Kleidung und Hut, zu dem Belohnungssystem, das der heutigen Zeit entspricht. Obwohl es ursprünglich eine Orden für Ausländer war, legte die Qing-Regierung zu große diplomatische Erwartungen, öffnete aber auch das chinesische Belohnungssystem.

Im ersten Monat von Tongzhi 1862, der Krieg von Taiping-Armee und Qing-Armee in Jiangsu und Zhejiang und anderen Orten ist in vollem Gange. um die Taiping-Armee vollständig zu beseitigen, beschloss die interne Qing-Dynastie schließlich, „die Macht der Ausländer zu leihen, um die Rebellentruppen zu unterdrücken." Seitdem hat eine Gruppe der Ausländer, vertreten durch Ward, Auszeichnungen wie die Qing-Dynastie offiziell für ihre Anerkennung für andere Bereiche wie Kriegsführung gewonnen. In allen Preisen von der Qing-Regierung ist die Leistung-Plakette, weil ähnlich wie die westliche Orden, die beliebteste bei den Ausländer. Die so genannte Leistung-Plakette, die erste ist die Qing-Dynastie ausgestellt, um acht Flaggen Militär mit Kriegsverdiensten zu auszeichnen. Darauf sind das Jahr des Verdienstordens und ein Siegel Soldaten Druck. Das Gemeinsame hat ähnlich zwei Arten wie die Bescheinigung von Papier und Silber. Die Begeisterung der Ausländer für die Leistung-Plakette machte die Qing-Dynastie ziemlich überrascht, und kam zu dem Schluss, dass „die Leistung-Plakette hat großes Gewicht für Ausländer, ob Silber oder Objekte zu belohnen, kann nicht ohne die Leistung-Plakette sein".

Li Hongzhang, der damalige Minister für Beiyang Handel, und Chong Hou, der Minister für drei Handelshafen, als Folge des häufigen Kontakts mit den Ausländer, schlugen der Qing-Regierung vor, die Leistung-Plakette in Nachahmung der ausländischen Orden(Ordenn-Stil) zu ändern, um die Ausländer zu belohnen.

Nach der Umwandlung der Leistung-Plakett heißt „Jin Bao Xin"(der goldene Orden), aufgeteilt in vier Ebenen. Die Dekorationen der Rückseite sind sämtlich zwei Drachen und die Rückseite der SilberOrden ist mit den Schriften wie Tiger geschnitzt. Die Aufschrift auf der Front bedeutet die Auszeichnung von dem Kaiser. Der Orden ist speziell den ausländischen Militärangehörigen ausgestellt, die zur Unterdrückung der Rabellentruppen in China beitragen.

摘要

龙星初晖——清代宝星勋章图史

Mit viele Bemühungen, Guangxu sieben Jahre (1881) Qing-Dynastie hat die „Autorisierte Ordensdekoration Satzung"erlassen. Die Satzung vereinigte die Ordnung von den Namen der Orden, Graden, Dekorationen und Lizenz-Vergabe. Die Eigenschaft, dass „In der Regel Chinas Banner und Drachen gemalt", ist die Ursprung von dem Orden mit dopplten Drachen, daher bekommt er den Name„Orden vom Doppelten Drachen ". Sobald die Satzung herausgegeben wurde, war sie sofort für die Provinzen zugänglich, dann stiegen die Zahl der Fälle und Zeiten, die Orden ausgestellt hatte. Der einheitliche Stil des Ordenes vom Doppelten Drachen, weil näher an der WestOrden, wurde von den Ausländer begrüßt.

Mit der Unterdrückung des Taiping-Himmlischen Reiches, Der Inhalt der Kultur und der Lebensunterhalt der Menschen in westlichen Studien wurden neu bewertet. Immer mehr Pädagogen, Ärzte und sogar Wissenschaftler wurden mit dem Orden vom Doppelten Drachen belohnt. Der reformierte Orden wird nicht nur verwendet, um verdienstvolle Ausländer zu belohnen, sondern auch wie die westliche Orden hat in der Regel eine zeremonielle Funktion. Die Monarchen, Herren und Würdenträger Deutschlands, Belgiens, Japans und anderer Länder haben alle die hochwertigen Orden erhalten, den China verschenkt hat.

Guangxu 29 Jahre (1903) die lizenzierte Fertigung des Ordens steht unter der Leitung des Außenministeriums. Bereits Guangxu 22 Jahre (1896) hat eine große Veränderung in der Form von Orden vom Doppelten Drachen, mehr zu die westliche Ordenn-System und Gewohnheiten näherte. Der ursprüngliche Orden ist den Ausländer gewidmet, „als Zeichen des Kontakts mit ausgezeichneten diplomatischen Beziehungen". Nicht nur, dass sich die Chinesen nicht für das Eigentum eines Ordens qualifiziert haben, sondern auch das Tragen einer ausländischen Orden streng eingeschränkt war. Mit der Vertiefung der chinesisch-ausländischen Börsen, Im August Guangxu 34 Jahre (AD 1908) Kündigte Qing-Regierung an, dass der „Orden vom Doppelten Drachen" in der Zukunft nicht mehr auf die Vergabe ausländischer Gäste beschränkt ist, sondern auch das Außenministerium und den Abgesandten von der Qing-Dynastie verliehen, um sie zweckmäßig zu handeln. Und die Frische, eine Orden zu tragen, und die Versuchung der westlichen Wertekultur, die die Orden darstellt, bilden eine neue Mode. Bald war die Orden nicht mehr das ausschließliche Reservat dieser Funktionäre und Minister aus Außenministerium, und Minister aus vielen Funktionsabteilungen trugen stolz Ordenn. Als Folge dieser Änderung des Gegenstandes wurde die Ausgabe des Ordens dann vom Außenministerium an das Kabinettspatentamt übertragen.

Mit der Ausgabe von den Orden nach innen, erkennen die Menschen allmählich, dass die Einstellung des chinesischen Orden zu einfach ist und der Ordennstil in etwa gleiche ist, deshalb ist es nicht einfach, die Merkmale der verschiedenen Orden zu unterscheiden. Am Ende, nach wiederholten

Ermessensänderungen des Außenministeriums, des Marineministeriums und des Verwaltungsamts der Konferenz, die letzte Reihe von Ordennstatuten der Qing-Dynastie wurde im Februar Xuantong Drei Jahr(1911) verkündet, und ein Ordennbüro, das sich der Ordennvergabe widmete, wurde eingerichtet, das dem Außenministerium beigefügt war und der Öffentlichkeit den Orden verleihen konnte. Obwohl die Qing-Dynastie im selben Jahr umkam, wurde das chinesische Ordennsystem im Einklang mit der Welt fertiggestellt, und Chinas Ordennsystem wurde von den Zwängen der Diplomatie befreit. Mehr Zivilisten begannen, die Möglichkeit zu haben, für ihre praktischen Leistungen und Beiträge belohnt zu werden.

Damit hat sich ein gerechteres und perfekteres Belohnungssystem für die Republik China entwickelt.

Résumé

L'ordre du Double Dragon n'est pas une imitation des ordres de style occidental, mais reflète au contraire le style traditionnel chinois. La valeur de cette commande réside dans le fait qu'elle a remplacé l'ancien système d'honneur. Depuis lors, la Chine est passée au nouveau système pour le reste du monde - en passant des commandes. Malgré le fait que la commande était à l'origine destinée aux étrangers, elle a marqué le début du système de commande chinois moderne

En 1862, les armées Taiping et Qing se sont battues avec acharnement dans le Jiangsu et le Zhejiang. Afin de vaincre complètement l'armée Taiping, le gouvernement Qing, déchiré par les conflits internes et externes, décida de recourir à l'aide étrangère. Pour la dispersion des troubles civils a été embauché des troupes étrangères. Après avoir réprimé avec succès le soulèvement, un certain nombre de troupes étrangères ont reçu des récompenses pour leur mérite militaire, ainsi que des titres officiels. Le plus célèbre d'entre eux était le marin américain Frederik Townsend Ward. La forme de la médaille Qing était très appréciée des militaires étrangers, en grande partie parce qu'elle ressemblait à celle de l'Europe. La soi-disant médaille du mérite Qing a été décernée par la dynastie de l'armée nommée dès le début. La forme de la médaille ressemblait à celle du certificat d'honneur, elle aurait pu être réalisée en papier et en argent. L'excitation des étrangers avec ce prix a surpris le gouvernement Qing. D'après les souvenirs, l'armée étrangère a tellement admiré la Médaille du mérite qu'elle l'a valorisée davantage que les bijoux et l'argent.

L'idée d'attribuer des médailles aux étrangers appartient à Li Hongzhang et à Chong Hou, car ils ont souvent dû communiquer avec des étrangers. Ils ont lancé un appel au gouvernement Qing en lui demandant de créer des médailles d'or et d'argent pour leurs services sur le modèle occidental afin d'encourager les étrangers.

La médaille introduite a été nommée «étoile précieuse d'or», elle a été divisée en quatre degrés. Son dos était décoré d'un double dragon, ainsi que d'un ornement de dragon et de tigre. Sur le recto, il était écrit: "Le cadeau le plus élevé". Une telle médaille était destinée aux militaires étrangers qui ont contribué à disperser les troubles civils en Chine.

En 1881, le gouvernement Qing a publié une charte «Sur l'octroi de l'ordre d'un double dragon». Il a établi une procédure unifiée pour l'attribution des diplômes et la délivrance des licences de l'ordre. Et aussi le standard d'un ordre a été défini. L'image du dragon est l'attribut principal de ce prix, car le dragon est une sorte de symbole de la Chine. La charte a été mise en œuvre immédiatement après sa publication. Le nombre d'affaires ayant attribué l'ordre d'un double dragon a considérablement augmenté. L'armée étrangère aimait l'Ordre du Double Dragon, car il ressemblait beaucoup à l'ordre occidental.

龙星初晖——清代宝星勋章图史

Après la destruction du royaume céleste de Taiping, l'influence occidentale en Chine s'est encore accrue. De plus en plus d'enseignants, de médecins et de scientifiques travaillant en Chine ont reçu l'Ordre du Double Dragon. Il est utilisé non seulement pour le personnel militaire étranger, mais également pour les représentants du pouvoir suprême d'États étrangers. Empereurs, seigneurs, membres clés des gouvernements de l'Allemagne, de la Belgique, du Japon et d'autres pays ont reçu l'ordre d'un double dragon du plus haut degré.

En 1903, sous le règne de l'empereur Guangxu, le ministère des Affaires étrangères de l'empire Qing proposa un nouveau projet de système de commande. Le type de récompense, sensiblement modifié dès 1896, était sensiblement plus proche de ses homologues européens. Dans un premier temps, la commande a été attribuée exclusivement à des étrangers afin de renforcer les relations diplomatiques. Les Chinois eux-mêmes non seulement ne pouvaient se voir attribuer cette commande, mais traitaient également avec mépris les récompenses européennes. Avec le développement des relations entre la Chine et les pays étrangers, l'attitude des Chinois à l'égard de cet ordre a changé. En 1908, le gouvernement Qing annonçait que l'Ordre du Double Dragon pouvait désormais être présenté aux chefs de départements du ministère des Affaires étrangères et aux représentants diplomatiques chinois. Après un certain temps, la présence de telles médailles a cessé d'être le privilège des agents diplomatiques. Maintenant, cette pratique s'est répandue parmi les fonctionnaires d'autres départements administratifs. En fin de compte, porter des récompenses de style occidental est devenu monnaie courante dans les milieux officiels chinois. Compte tenu de ces changements, les affaires d'octroi d'ordonnances ont été transférées du ministère des Affaires étrangères au département chargé de rédiger le décret impérial relevant du Cabinet des ministres.

Le fait que les fonctionnaires de tous les ministères puissent désormais se voir attribuer des commandes, ainsi que le fait que ces récompenses différaient peu, posait le problème de l'élaboration d'une norme commune pour les récompenses. À la suite de discussions répétées entre le ministère des Affaires étrangères, de la Marine et la Haute administration, en 1911, la dernière charte «Sur les ordres de l'empire Qing» a été publiée. Selon cette charte, tous les citoyens de Chine devant se voir attribuer des ordres étaient établis par la Direction des ordres, qui appartenait alors temporairement au ministère des Affaires étrangères. Tout cela a rapproché le système des ordres de la Chine des systèmes européens.

Après la chute de l'Empire Qing à la fin de 1911, la présentation des commandes cessa d'être une prérogative des diplomates. Désormais, un grand nombre de personnes ordinaires pourraient se voir attribuer des commandes de services. Commencé l'histoire du système de récompenses de la République de Chine, qui est devenu plus juste et parfait.

Резюме

Для коллекционеров, разбирающихся в китайских медалях, самой ценной является Орден двойного дракона. Она окружена звездным орнаментом, на вершине расположены два серебряных дракона. Медаль инкрустирована сапфирами, в центре красуется маленький красный коралл. Такой стиль не является подражанием западным квадратным медалям, но напротив, отражает традиционные китайские представления о красоте. Значение этой медали заключается в том, что она заменила старую систему поощрения военных. Если раньше подвиги солдат отмечались специальным шариков на шапке, перьями павлина, желтой кофтой, которая надевалась поверх халата, то теперь Китай перешел на привычную для остального мира систему – вручение медалей. Несмотря на то, что изначально медаль предназначалась для иностранцев, она положила начало китайской наградной системе. Впоследствии такой тип медали распространился и на китайских военных.

В 1862 году, в первый месяц правления императора Тунчжи (девиз правления императора Цин Му-цзуна, 1856-1875 гг), армия тайпинов и цинская армия ожесточённо сражались в Цзянсу и Чжэцзяне. Чтобы полностью разгромить армию тайпинов, правительство Цин, раздираемое внутренними и внешними конфликтами, решило прибегнуть к иностранной помощи. Для разгона гражданских волнений был произведен наём иностранных войск. После успешного подавления восстания, ряд иностранных военнослужащих получил награды за военные заслуги, а также официальные титулы. Самым известным из них был американский моряк Фредерик Таунсенд Уорд. Форма цинской медали очень понравилась иностранным военным, во многом потому, что она была похожа на европейскую .Так называемая Цинская медаль за заслуги была вручена династией восьмизнамённой армии.На медали была выгравирована дата подвига, а также печать военного ведомства. Форма медали была похожа на почётную грамоту, сделана она могла быть как из бумаги, так и из серебра. Восторг иностранцев этой наградой удивил правительство Цин, по воспоминаниям, иностранные военные настолько восхищались Цинской медалью, что ценили ее больше, чем драгоценности и деньги.

Идея награждения иностранцев медалями принадлежит Ли Хунчжан и Чун хоу, занимавшим в то время должности генеральных инспекторов Северных портов, так как им часто приходилось общаться с иностранцами. Именно они обратились к правительству Цин с просьбой создать золотые и серебряные медали за заслуги по западному образцу для поощрения иностранцев.

龙星初晖——清代宝星勋章图史

Введенная медаль получила название «Золотая драгоценная звезда», она делилась на четыре степени. Ее задняя сторона была украшена изображением двойного дракона, а также орнаментом в виде дракона и тигра. На лицевой стороне было написано: «Высочайший дар». Такая медаль предназначалась иностранным военнослужащим, которые помогали в разгоне гражданских волнений в Китае.

В 1881 году Цинский двор издал устав «О награждении орденом двойного дракона». В нем устанавливался единый порядок присвоения степеней и выдачи лицензий ордена. А также определялся единый стандарт медали. Изображение дракона является главным атрибутом этой награды, так как дракон является своеобразным символом Китая. Устав был осуществлен сразу после издания. Количество случаев награждения орденом двойного дракона резко возросло. Орден двойного дракона понравилась иностранным военным, потому что он был очень похож на западную медаль.

После того, как Тайпинское Небесное Царство было уничтожено, западное влияние в Китае возросло ещё сильнее. Все больше и больше педагогов, врачей и ученых, работавших в Китае, получали орден двойного дракона. Орден двойного дракона используется не только для иностранных военнослужащих, но и представителей высшей власти иностранных государств. Императоры, лорды, ключевые члены правительства Германии, Бельгии, Японии и других стран получили орден двойного дракона вышей степени.

В 1903 году, во время правления императора Гуансюй, Министерство иностранных дел Цинской Империи предложило новый проект медали. Вид награды, заметно измененный ещё в 1896 г., заметно приблизился к европейским аналогам. Сначала орден вручался исключительно иностранным гражданам с целю укрепления дипломатического отношения. Сами же китайцы не только не могли награждаться данной медалью, но и относились весьма пренебрежительно к европейским наградам. По мере развития отношения между Китаем и иностранными государствами, отношение китайцев к данной медали менялось. В 1908 году Цинское правительство объявило, что отныне медаль двойного дракона помимо иностранных граждан может быть вручена главам ведомств в Министерстве иностранных дел и китайским дипломатическим представителям. Через некоторое время, наличие таких медалей перестало быть привилегией дипломатических служащих. Теперь эта практика распространилась и на чиновников в других административных управлениях. В конце концов, ношение наградных знаков западного типа стало обычным явлением в официальных кругах Китая. Ввиду этих изменений, дела по вручению орденов были переданы из Министерства иностранных дел в Отдел по составлению императорского указа при Кабинете министров.

Тот факт, что теперь чиновники всех ведомств могли быть награждены медалями, а также что между собой эти награды мало отличались, породил проблему выработки единого стандарта наградных знаков. В результате многократных обсуждений между Министерством иностранных дел, военно-морским флотом и Верховным административным управлением, в 1911 году был опубликован последний устав «Об орденах Цинской Империи». Согласно этому уставу, любые граждане Китая быть награждены орденами, учреждалось Управление по орденам, которое тогда временно относилось к Министерству иностранных дел. Все это сблизило систему орденов Китая с европейскими образцами.

После падения Цинской Империи в конце 1911 года, вручение орденов перестало быть прерогативой дипломатов, теперь большое количество простых людей могло награждаться орденами за заслуги. Началась история наградной системы Китайской Республики, которая стала более справедливой и совершенной.

龙星初晖——清代宝星勋章图史

吾乃常山赵子龙也！

古来冲阵扶危主，只有常山赵子龙。
浑身是胆、浑身是智、浑身是义。
流传了1800年的豪气云天的传奇人生故事。

条分缕析！详细考证《三国志》中的赵云。
旁征博引！深入解读《三国演义》中的赵云。
图文并茂！展现评书、京剧、影视、游戏、漫
画中的赵云形象。

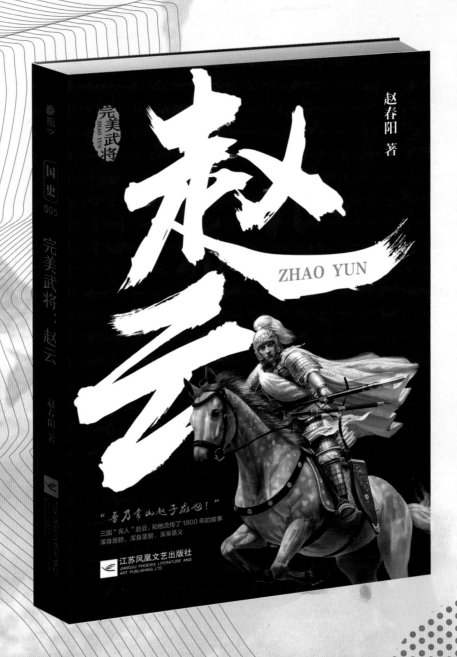